교과 연계

초등 영

지니3

교과 연계 초등 영재 사고력 수학 지니 3

지은이 유진·나한울
펴낸이 임상진
펴낸곳 (주)넥서스

초판 1쇄 발행 2023년 1월 20일
초판 2쇄 발행 2023년 1월 25일

출판신고 1992년 4월 3일 제311-2002-2호
10880 경기도 파주시 지목로 5
Tel (02)330-5500 Fax (02)330-5555

ISBN 979-11-6683-374-8 64410
979-11-6683-371-7 (SET)

가격은 뒤표지에 있습니다.
잘못 만들어진 책은 구입처에서 바꾸어 드립니다.

www.nexusbook.com
www.nexusEDU.kr/math

융합 사고력 강화를 위한 단계별 수학 영재 교육

교과 연계

초등 영재 사고력 수학 지니

레벨 3

5~6학년

넥서스에듀

저자 및 검토진 소개

저자

유진

12년 차 초등 교사. 서울교육대학교를 졸업 후 동 대학원 영재교육과(수학) 석사 과정을 마쳤다. 수학 영재학급 운영 · 강의, 교육청 영재원 수학 강사 등의 경험을 바탕으로 평소 학급 수학 수업에서도 학생들의 수학적 사고력을 자극하는 활동들을 고안하는 데 특히 노력을 기울이고 있다.

소통 창구
인스타그램 @gifted_mathedu
블로그 https://blog.naver.com/jjstory_0110
이메일 jjstory_0110@naver.com

나한울

서울대학교 수리과학부에서 박사 학위를 받았다. 영상처리의 수학적 접근 방법에 대해 연구하였으며, 해당 지식을 기반으로 연관 업무를 하고 있다.

소통 창구
이메일 nhw1130@hanmail.net

감수

강명주

서울대학교 수학과 (학)
KAIST 응용수학 (석)
UCLA 응용수학 (박)
과학기술한림원 정회원
(현) 서울대학교 수리과학부 교수

전준기

포항공대 수학과 (학)
서울대학교 수리과학부 (박)
(현) 경희대학교 응용수학과 교수

검토

박준규

서울교육대학교 수학교육과 (학)
서울교육대학교 영재교육과 (석)
(현) 홍익대학교부속초등학교 교사

이경원

이화여자대학교 초등교육과 (학)
서울교육대학교 수학교육과 (석)
(현) 서울강남초등학교 교사

박종우

서울시립대학교 수학과 (학)
한국교원대학교 수학교육과 (석)
(현) 원주반곡중학교 수학 교사

오연준

서울시립대학교 수학과 (학)
고려대학교 수학교육과 (석)
(현) 대전유성여자고등학교 수학 교사

머리말

이 책은 고차원적인 문제 해결력을 발휘해야 풀리는 문제들을 모아 놓은 책이 아닙니다. 수학의 각 분야에 속하는 주제들을 지문으로 우선 접하고, 이 지문을 읽고, 해석하고, 그 안에서 얻은 정보를 이용하여 규칙성을 찾거나 문제 해결의 키를 얻어 해결해 나가는 구성이 중심이 됩니다. 2022 개정 교육과정 수학 교과의 변화 중 한 가지가 실생활 연계 내용 확대인 만큼, 우리 생활 속에서 수학을 활용하여 분석하고 해결할 수 있는 주제들 또한 다수 수록하였으며 가능하다면 해당 주제와 연결되는 수학 퍼즐도 접할 수 있도록 구성하였습니다.

학교 현장에서 느끼는 것 중 하나는, 확실히 사고력이 중요하다는 것입니다. 사고력, 말 그대로 '생각하는 힘'입니다. 어떤 주제에 대해 탐구하고 고민하며 도출한 지식과 경험은 쉽게 사라지지 않습니다. 지식뿐만 아니라 그 과정에서 다져진 사고의 경험이 마치 근육이 차츰 생성되는 것처럼 단련되어 내 것이 되어 남는 것입니다.

그럼 도대체 사고력은 어떻게 해야 기를 수 있을까요? '질 높은 독서를 많이 하는' 학생들이 이 생각하는 힘을 많이 가지고 있었습니다. 새로운 정보를 접하고 해석하는 이 행위를 꾸준히 해 온 학생들은 새로운 유형이나 주제가 등장해도 두려움보다는 흥미와 호기심을 나타냈습니다.

또한 수학적 사고력을 기르는 데에는 수학 퍼즐만 한 것이 없다고 합니다. 규칙성과 패턴을 파악하여 전략적 사고를 통해 퍼즐을 해결하는 경험은 학생들에게 희열에 가까운 성취감을 줍니다. 더불어 '과제 집착력'이라 칭하는 끈기도 함께 기를 수 있습니다.

아무쪼록 학생들의 수학적 독해력, 탐구심과 사고력 향상에 도움이 되는 책이기를 바라며, 책 집필에 무한한 응원과 지지를 보내 준 우리 반 학생들에게 특별한 고마움을 전하며 글을 마칩니다.

저자 **유진**

수학을 공부하면서 주변에 수학을 좋아하는 친구들을 많이 봅니다. 수학을 어려워하는 대부분의 사람들과 달리 그들이 공통적으로 이야기하는 점이 있습니다. "수학은 다른 과목과 달리 암기할 것이 없어서 흥미롭다." 학창 시절 수많은 공식을 암기하느라 수학 공부를 포기했던 많은 사람들은 이 말에 공감하기 쉽지 않을 것입니다. 그 이유는 아마 수학을 처음 접할 때 스스로 생각할 수 있는 힘을 기르지 못했기 때문일 것입니다.

이 책은 단순 지식 전달을 최소화하고, 어떤 정보가 주어졌을 때 규칙이나 일반적인 해법을 스스로 찾아갈 수 있는 경험을 제시합니다. 또한 초등 과정에서 중점적으로 길러야 하는 사고력과 논리력 향상에 중점을 두었습니다. 스스로 생각하고 지식을 확장하는 힘을 통해 학생들이 훗날 배울 교과 과정을 단순 암기로 받아들이지 않고 자연스레 지식의 확장으로 받아들이길 바라며 글을 마칩니다.

저자 **나한울**

구성 및 특징

진정한 수학 영재는 다양하고 고차원적인 두뇌 자극을 통해 만들어집니다.

읽어 보기

흥미로운 학습 주제

학습에 본격적으로 들어가기 전에 각 단원에서 다루는 주요 개념과 연관된 다채로운 내용을 통해 학습자가 수학적 흥미를 느낄 수 있습니다. 과학, 기술, 사회, 예술 등 다양한 분야를 다루고 있어 융합형 수학 인재를 키우는 데 큰 도움이 될 수 있습니다.

생각해 보기

두뇌 자극 교과 연계 학습

단순한 수학적 계산에 초점을 맞춘 것이 아닌 개념 원리를 깨닫고 깊게 사고하며 해결책을 찾을 수 있는 문제로 구성했습니다. 실제 학교에서 배우는 교과 과정과 연결되어 있어 학습자가 부담 없이 접근할 수 있고 두뇌를 자극하는 수준 높은 문제로 사고력을 향상시킬 수 있습니다.

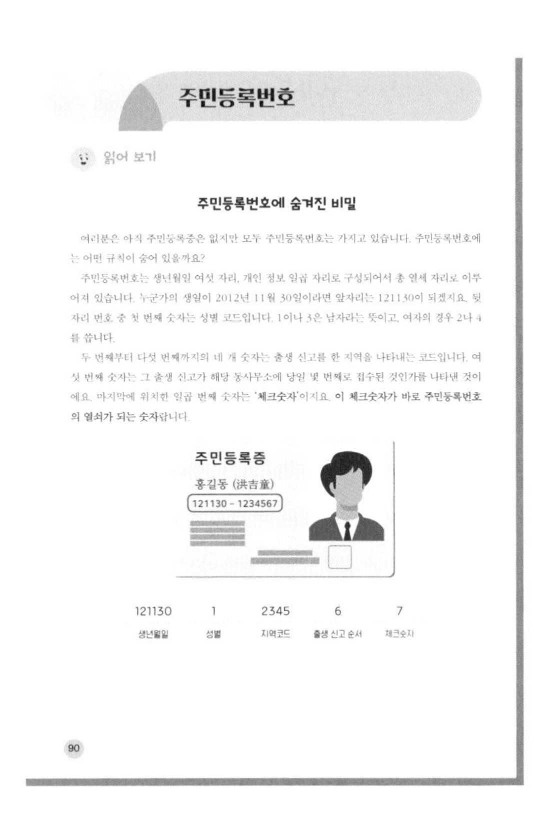

주민등록번호

읽어 보기

주민등록번호에 숨겨진 비밀

여러분은 아직 주민등록증은 없지만 모두 주민등록번호는 가지고 있습니다. 주민등록번호에는 어떤 규칙이 숨어 있을까요?

주민등록번호는 생년월일 여섯 자리, 개인 정보 일곱 자리로 구성되어서 총 열세 자리로 이루어져 있습니다. 누군가의 생일이 2012년 11월 30일이라면 앞자리는 121130이 되겠지요. 뒷자리 번호 중 첫 번째 숫자는 성별 코드입니다. 1이나 3은 남자라는 뜻이고, 여자의 경우 2나 4를 씁니다.

두 번째부터 다섯 번째까지의 네 개 숫자는 출생 신고를 한 지역을 나타내는 코드입니다. 여섯 번째 숫자는 그 출생 신고가 해당 동사무소에 당일 몇 번째로 접수된 것인가를 나타낸 것이에요. 마지막에 위치한 일곱 번째 숫자는 '**체크숫자**'이지요. **이 체크숫자가 바로 주민등록번호의 열쇠가 되는 숫자**랍니다.

90

III. 규칙과 추론

생각해 보기

한붓그리기의 원리 정리하기

한 점에 연결된 선의 개수가 홀수이면 홀수점, 짝수이면 짝수점
→ 한붓그리기가 가능하기 위해서는 홀수점이 없거나 2개여야 함
→ 홀수점이 0개이면 출발점과 도착점이 같고, 2개이면 홀수점 1에서 출발하여 홀수점 2에서 도착하므로 출발점과 도착점이 다름

1 다음 도형의 홀수점과 짝수점 개수를 세어보고, 한붓그리기가 가능한 것을 찾아보세요.

①	②	③	④	⑤
⑥	⑦	⑧	⑨	⑩

	①	②	③	④	⑤	⑥	⑦	⑧	⑨	⑩
짝수점 개수										
홀수점 개수										
한붓그리기 (○, ×)										

95

수학 산책

학습 동기를 높여주는 단원 마무리

열심히 공부한 만큼 알찬 휴식도 정말 중요합니다. 수학이 더 즐거워지는 흥미로운 이야기로 학습 자극을 받고 새로운 마음으로 다음 학습을 준비할 수 있습니다.

수학 산책

통계학자 나이팅게일

나이팅게일 (1820~1910)

플로렌스 나이팅게일Florence Nightingale은 보통 '백의의 천사'나 '등불을 든 여인'으로 자주 묘사됩니다. 그런데 사실은 나이팅게일이 뛰어난 통계학자이자 영국 왕립통계학회 최초의 여성 회원이었다는 사실, 알고 있었나요? 나이팅게일은 의료 행정가로서 현대적인 위생과 간호 시스템을 정립하는 데 독보적인 인물이었습니다. 더구나 그 도구로 수학을 활용했다니, 어떤 일이 있었는지 함께 알아볼까요?

나이팅게일은 1820년 이탈리아의 피렌체에서 영국 상류층의 딸로 태어났는데, 어려서부터 숫자를 이용해 자료를 정리하는 등 수학에 관심이 많았다고 해요. 가족 여행을 할 때면 하루 동안 여행한 거리를 계산하고 걸린 시간을 기록하는 등 수학적으로 현상을 분석하는 것을 좋아했습니다. 세계를 여행하며 여러 병원의 모습을 본 나이팅게일은 간호사가 되어 환자를 돌보는 것을 꿈꾸었고, 영국이 크림전쟁(1853~1856)에 참전하자 전쟁터로 달려가 야전병원에서 아군과 적군을 구별하지 않고 헌신적으로 치료하며 많은 생명을 구했습니다.

그러던 중, 나이팅게일은 전쟁터에서 죽는 군인보다 비위생적 환경의 야전병원의 환경 때문에 병이 악화되어 사망하는 군인이 더 많다는 것을 알게 됩니다. 그래서 통계 작성 기준을 세우고 병사들의 입원·퇴원 기록, 사망자 수, 병원의 청결 상태 등을 숫자로 정리하고 분석한 후 문제점들을 개선해 나갔어요. 그 결과, 6개월 만에 영국군 부상자의 사망률은 42%에서 무려 2%로 줄어들게 되었답니다.

118

부록

수학은 수(手)학이다

수학 문제를 연필과 계산기로 정확히 계산하는 것도 중요하지만 직접 손으로 만져보며 체험하며 해결하는 경험이 더 중요합니다. 부록에 담겨 있는 재료로 어려운 수학 문제를 놀이하듯 접근하면 학습자의 창의력과 응용력을 더 키울 수 있습니다.

부록

1 탱그램

23

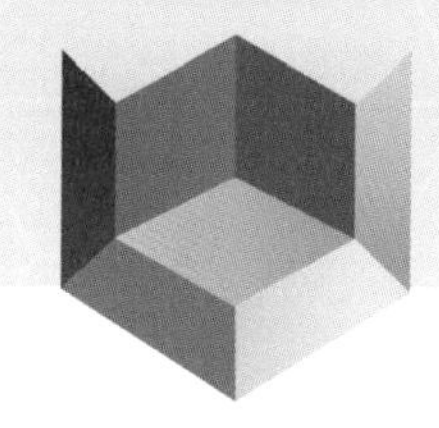

목차

1 수와 연산

2 도형과 측정

3 규칙과 추론

자료와 가능성

시리즈 구성

교과 연계
초등 영재 사고력수학 지니 1

1 수와 연산

1 이집트 숫자
2 마방진
3 노노그램
4 거울수와 대칭수
5 연산을 이용한 수 퍼즐
6 신비한 수들의 연산 원리

2 도형과 측정

1 탱그램
2 소마큐브
3 라인 디자인
4 테트라미노 & 펜토미노
5 테셀레이션과 정다각형

3 규칙과 추론

1 돼지우리 암호
2 수의 배열
3 NIM 게임
4 4색 지도
5 주민등록번호
6 한붓그리기

4 자료와 가능성

1 리그와 토너먼트
2 PAPS
3 식품구성자전거

교과 연계

초등 영재 사고력수학 지니 2

1 수와 연산

1 사칙연산

2 4차 마방진

3 로마 숫자와 아라비아 숫자

4 단위분수

5 우리 조상들의 수

2 도형과 측정

1 합동과 닮음

2 선대칭도형

3 테셀레이션과 도형의 이동

4 점대칭도형

5 우유갑의 전개도

3 규칙과 추론

1 국제표준도서번호

2 달력

3 수 배열의 합

4 복면산

5 프래드만 퍼즐

6 스키테일 암호

4 자료와 가능성

1 리그와 토너먼트

2 자물쇠와 경우의 수

3 일기예보 해석하기

4 우리나라 인구 구성의 변화

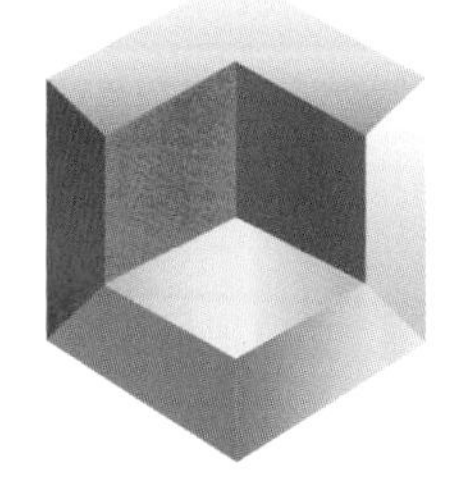

1 수와 연산

1 여러 가지 마방진

읽어 보기

1권의 마방진 이야기에서 마방진의 기원을 알아보았던 것을 기억하나요? '마방진(魔方陳) magic square'이라는 용어의 뜻을 풀면 '마술적 특성을 지닌 정사각 모양의 숫자 배열'이 됩니다. 보다 정확하게 정의하면, **n차 마방진이란 1부터 n^2까지의 연속된 자연수를 가로, 세로, 대각선의 합이 같아지도록 정사각형으로 배열한 것**을 말합니다.

지금부터 약 4000년 전, 중국 하나라의 우왕 시대 때 황하강에서 등에 신기한 무늬가 새겨진 거북 한 마리가 나타났습니다. 이 무늬를 수로 나타내었더니 아래와 같이 가로, 세로, 대각선 숫자의 합이 모두 15가 되며, 중복되는 숫자도 없는 수의 배열이 나오게 됩니다.

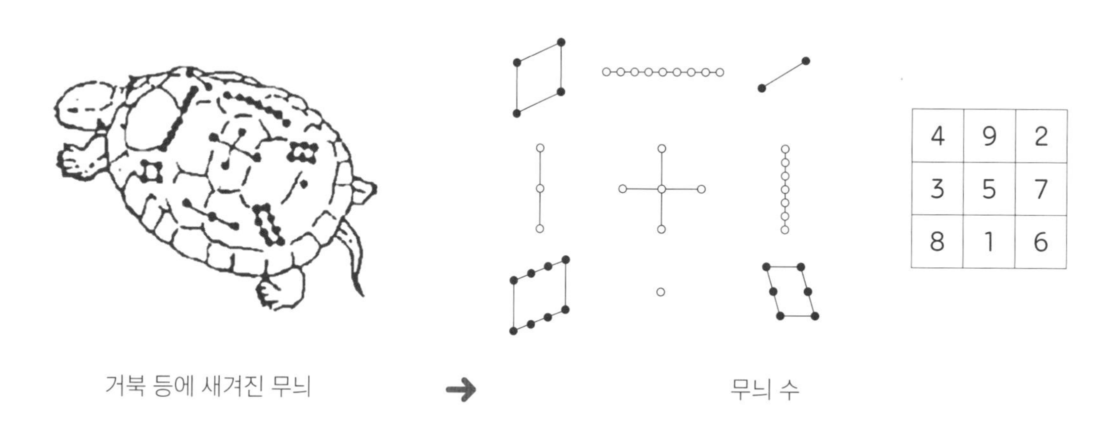

4	9	2
3	5	7
8	1	6

거북 등에 새겨진 무늬 ➜ 무늬 수

마방진에 대한 연구는 중국, 인도, 아라비아, 페르시아, 유럽 등 수학이 발달한 문명권에서 예외 없이 이루어집니다. 당시 사람들은 마방진이 마력을 가진 것으로 여겨, 마방진이 그려진 패를 목에 걸고 다니거나 점성술에 이용했으며, 전쟁에 나갈 때 부적으로 사용하기도 했어요. 마방진은 이름 자체에 '정사각'이라는 의미가 들어가 있지만 정사각 이외의 모양으로도 많은 변형 마방진이 생겨납니다. 삼각진, 성진, 라틴 방진 등 종류도 다양하지요.

마방진은 꾸준히 연구되어, 현대에 이르러서는 입체 마방진도 탄생했어요. 이 업적의 주인공인 수학자 앨런 아들러는 10살 때 마방진에 푹 빠진 이후 그에 관련한 여러 연구를 진행했고 마침내 컴퓨터를 이용하여 세계 최초로 3×3×3인 3차원 입체 마방진을 만들어 내기도 했습니다.

정답 2쪽

생각해 보기

1 아래 삼각형 안에 있는 숫자와, 삼각형 각 변에 있는 수들 사이에는 어떤 규칙이 있나요? 규칙을 적용하여 오른쪽 삼각진을 완성해 봅시다. (1~6까지의 숫자를 이용)

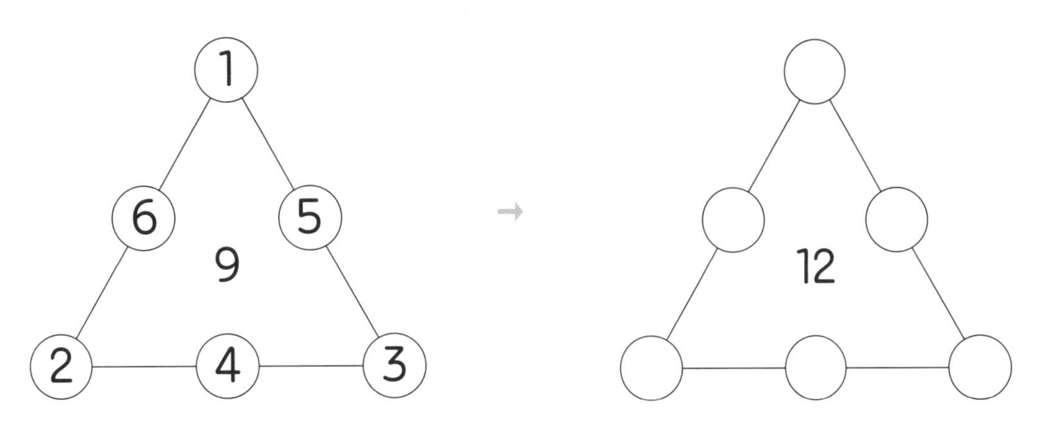

2 1번의 규칙을 적용하되, 1-9까지의 숫자를 사용하여 삼각진을 완성해 봅시다.

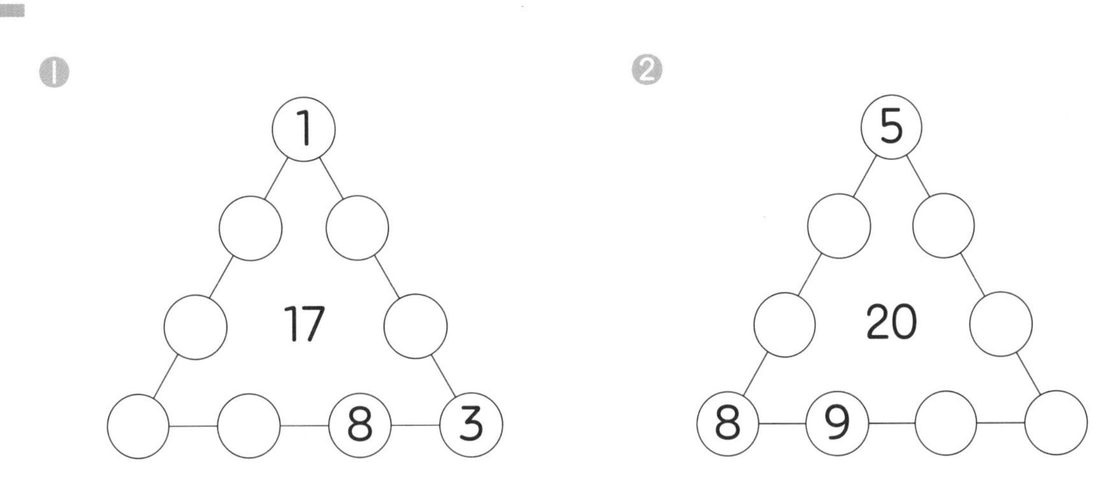

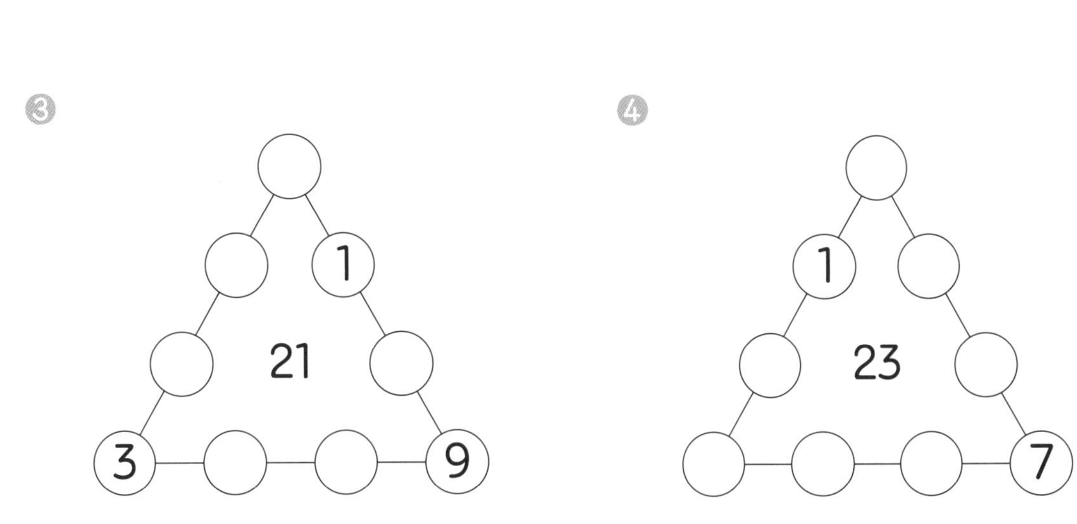

3 다음은 별 모양의 마방진인 성진입니다. 각 변에 있는 원 안의 수의 합이 모두 같도록 원 안에 수를 써넣으세요. (한 변 위에 같은 숫자가 들어갈 수 있습니다.)

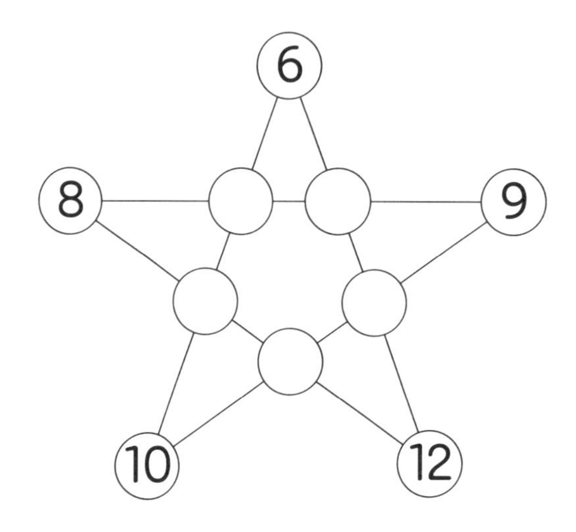

각 변에 있는 원 안의 네 수의 합이 26

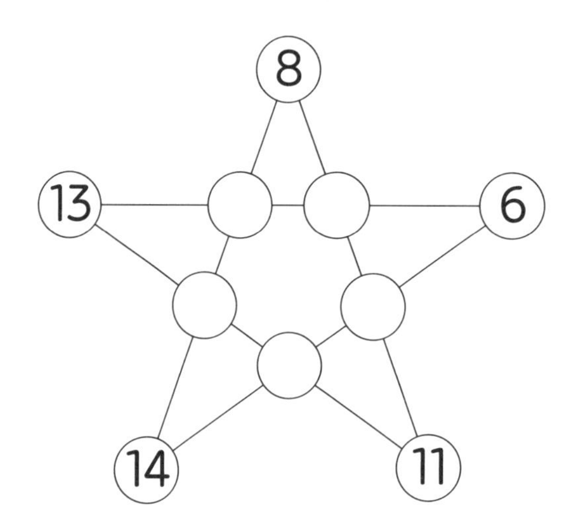

각 변에 있는 원 안의 네 수의 합이 38

정답 2쪽

4 다음은 앨런 아들러가 만들어 낸 최초의 입체 마방진입니다. 이 마방진은 가로, 세로, 높이에 위치한 3개의 숫자의 합을 구해 보면 42가 나옵니다. 빈칸에 답을 써넣어 봅시다.

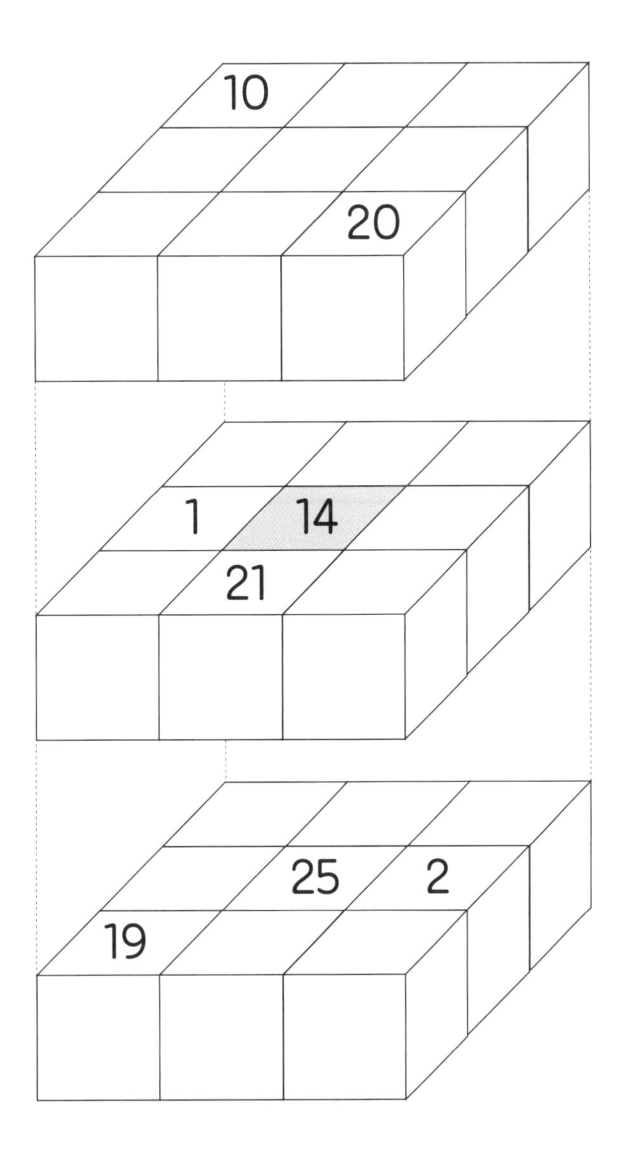

5 글을 읽고 빈칸에 들어갈 숫자를 적어 봅시다.

조선 숙종 시대의 유학자이자 수학자, 최석정이 쓴 『구수략』에는 수학책에 세계 최초의 '9차 직교라틴방진'이 실려 있답니다. 1776년 오일러라는 수학자가 직교라틴방진에 관한 논문을 발표하기 60년 전에 이미 조선의 수학자가 9차 마방진을 발견했던 것이지요. 최석정의 『구수략』에는 독특한 마방진 종류가 많이 소개되어 있는데, 그만의 독창적인 작품이 많아서 그의 수학적 상상력과 수학 실력을 잘 드러내고 있습니다. 그중 가장 유명한 것으로 지수귀문도(地數龜文圖)를 들 수 있습니다. 이것은 육각형 9개를 배열하여 거북의 등 모양을 만들고, 꼭짓점에 1부터 30까지 수를 배열하여 육각형마다 합이 같아지게 만드는 것이랍니다. 지수귀문도는 모두 몇 가지나 가능할까요? 아직 어느 누구도 지수귀문도가 몇 가지나 존재하는지 알아내지 못했답니다.

최석정

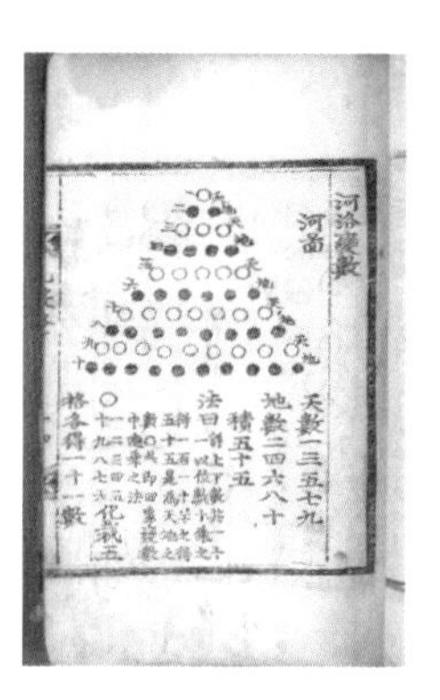

『구수략』

❶ 우선 육각형 9개의 지수귀문도를 살펴보기 전에 육각형 4개를 배열해 만든 조금 작은 지수귀문도 문제를 풀어 봅시다. 1부터 16까지의 수가 한 번씩 사용되며 육각형을 이루는 수의 합은 51이 됩니다.

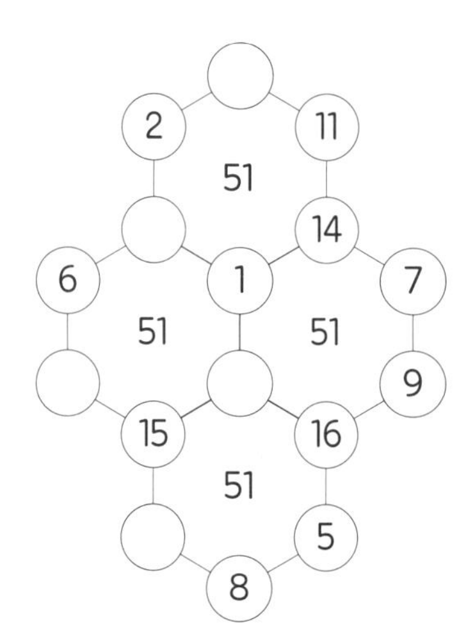

정답 2쪽

❷ 이번에는 육각형 9개의 지수귀문도 문제를 풀어 봅시다. 여기서는 1에서 30까지의 숫자가 한 번씩 사용되며 육각형을 이루는 수의 합은 93이 됩니다.

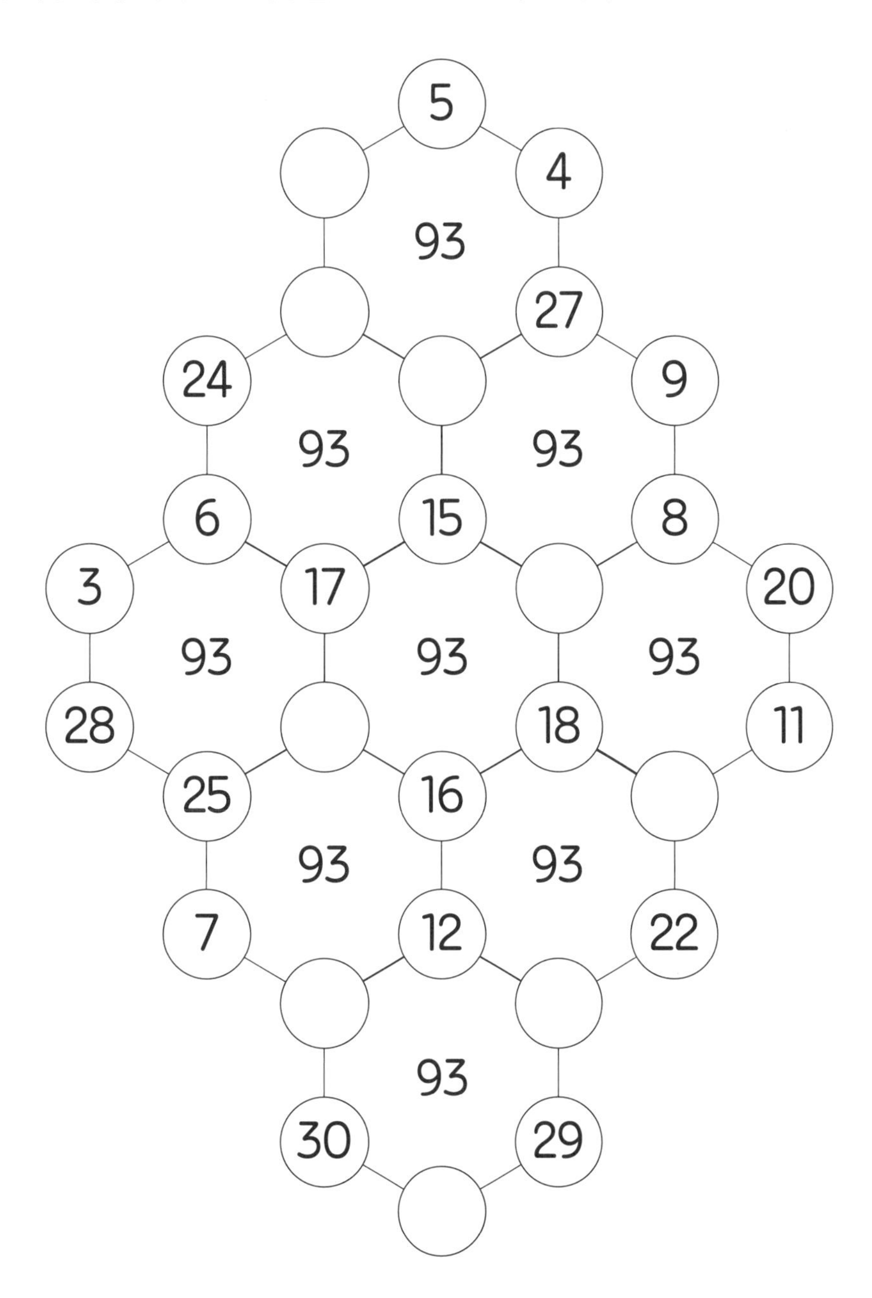

도형수

읽어 보기

피타고라스는 자연에서 수의 역할을 중요시하여 "만물은 수이다"라는 말을 남긴 수학자입니다. 계산 기술이 아닌, 수 자체의 성질을 연구했어요. 그를 따른 피타고라스학파의 사람들은 존재하는 수는 어떤 형태를 가져야만 된다고 생각했기 때문에 항상 수를 도형과 관련시켜 생각했습니다. 실제로도 피타고라스학파는 수와 도형에 관계된 많은 규칙을 알아냈어요.

자연수 중 2 다음에 오는 수는 2+1인 3이지요? 숫자 3은 도형을 만드는 수예요. 삼각형은 다각형 가운데서 변의 수가 가장 적은 도형이랍니다. 도형이 시작되는 삼각형과 같은 모양으로 점을 늘어놓았을 때 그 점의 개수를 **도형수**라고 부릅니다. 도형수는 모양에 따라 **삼각수, 사각수, 오각수** 등으로 나뉩니다. 그중 삼각수란 아래 그림과 같이 점을 배열해서 정삼각형 모양으로 나타낼 수 있는 수를 말합니다. 그렇다면 사각수는 무엇일까요? 점을 배열해서 정사각형 모양으로 나타낼 수 있는 수이겠지요?

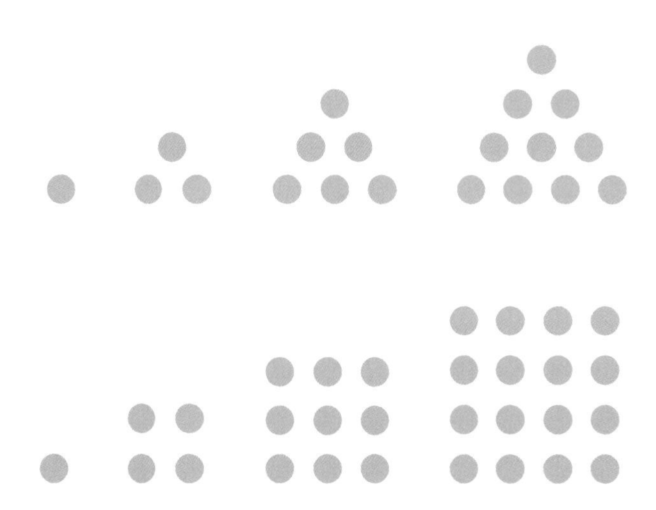

삼각수는 우리 주변에서도 쉽게 찾을 수 있어요. 볼링 경기를 본 적 있나요? 볼링은 공을 굴려 병 모양의 핀을 넘어뜨리는 경기입니다. 이때 10개의 볼링핀은 삼각수의 형태로 놓여 있어요. 이러한 배열은 당구의 한 종류인 포켓볼에서도 볼 수 있습니다. 포켓볼은 게임을 시작할 때 큐(막대기)로 흰 공을 때려 일정하게 자리 잡은 15개의 공들을 흩어지게 하는데, 이때 공들을 삼각형 모양으로 만들고 난 후에 시작해요.

볼링핀과 당구공의 배열에서 찾을 수 있는 삼각수

사각수는 우리 주변에서 주로 물건을 포장한 모습들에서 찾을 수 있어요. 특히 아래 초콜릿 상자에 들어 있는 초콜릿의 개수를 점으로 표현해 보면 한 변에 3개씩, 총 9개의 점으로 이루어진 사각수를 발견할 수 있답니다.

상품이 포장된 방법에서 찾기 쉬운 사각수

생각해 보기

1 도형수의 규칙을 찾아봅시다.

❶ 삼각수의 점의 개수를 한 줄에 있는 점의 개수의 합으로 나타내 봅시다.

삼각수	점의 개수
첫 번째	1
두 번째	1+2
세 번째	
네 번째	
다섯 번째	
…	…

❷ ★번째 삼각수의 점의 개수를 ★을 사용하여 나타내어 봅시다.

❸ 10번째 삼각수의 점의 개수는 몇 개인가요?

정답 4쪽

2 사각수의 점의 개수의 규칙을 찾아, ★번째 사각수의 점의 개수를 ★을 사용하여 나타내어 봅시다.

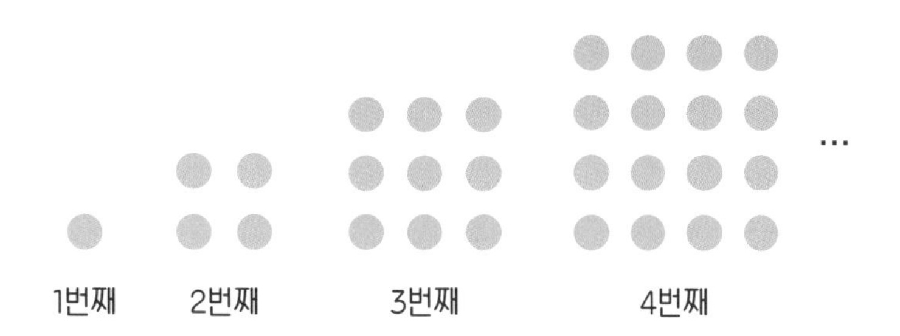

3 삼각수와 사각수 사이의 점의 개수의 관계를 생각해 보고, ★번째 사각수의 점의 개수를 삼각수를 이용하여 설명해 보세요.

| 예시 |

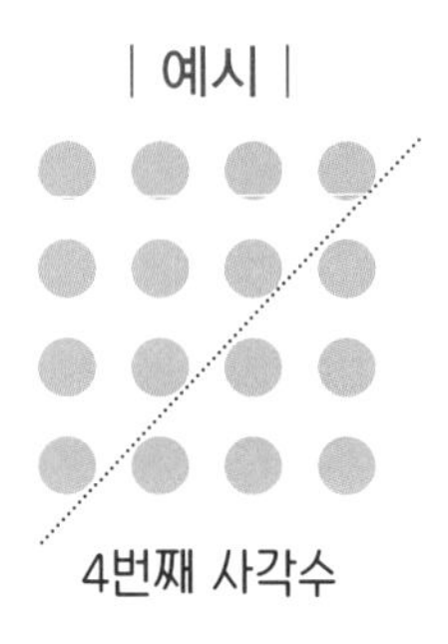

4 ★번째 오각수의 점의 개수를 삼각수를 이용하여 나타내어 봅시다.

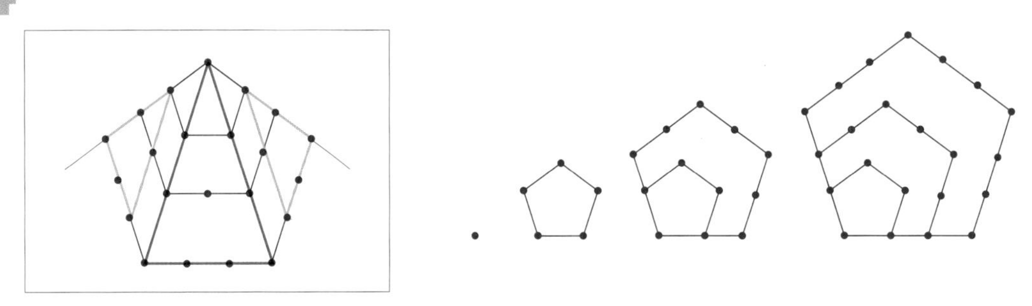

5 한 과일 가게에서 아래와 같이 귤을 쌓아 놓고 판매하고 있습니다. 어떤 규칙으로 귤을 쌓았는지 생각해 보고, 마지막 더미에 한 단계를 더 쌓아야 한다면 몇 개의 귤이 더 필요할지 구해 보세요.

정답 4쪽

6 글을 읽고 문제에 답해 보세요.

그림과 같이 책상 위에 색연필을 차곡차곡 쌓았습니다. 색연필이 무너져 내리지 않도록 맨 아래층부터 위로 올라갈수록 점점 폭이 좁아지게 쌓았어요. 맨 아래층에는 색연필 스무 자루가 있고 맨 위층에는 한 자루만 있습니다. 색연필은 모두 몇 자루일까요? (가우스의 계산법을 이용하면 더 쉽게 풀 수 있어요.)

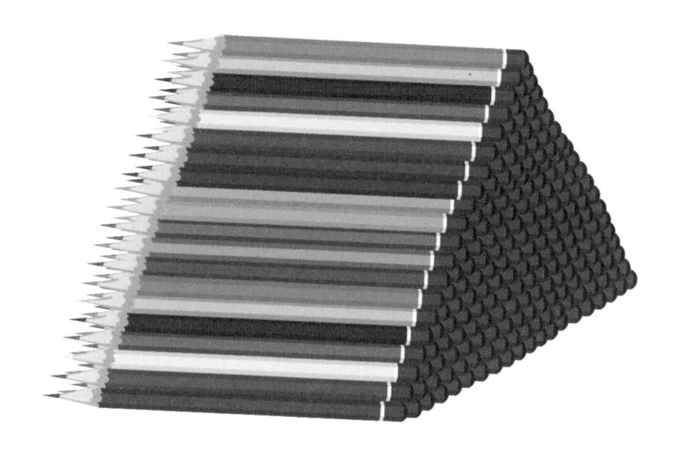

※ 지니 2권 80쪽의 수학자 가우스 이야기 참고

가우스의 계산법

가우스는 초등학교 시절 담임 선생님이 낸 1+2+3+4+ ··· +98+99+100 (즉 1부터 100까지 자연수의 합을 구하는 문제)를 아래와 같은 방법으로 즉시 풀어 냈습니다.

$1+2+3+\cdots+98+99+100$

$=(1+100)+(2+99)+(3+98)+\cdots+(50+51)$

$=101\times50$

$=5050$

연산을 이용한 수 퍼즐

읽어 보기

사칙연산을 이용한 수 퍼즐

여러분에게 익숙한 사칙연산인 덧셈, 뺄셈, 곱셈, 나눗셈을 이용한 퍼즐을 해 본 적 있나요? 앞에 나온 주제인 '마방진'도 수 퍼즐의 일종이라고 할 수 있습니다.

1, 2권에서도 설명했던 에리히 프래드만은 미국 스테트슨 대학 수학과 교수이자 유명한 퍼즐리스트입니다. 어린 시절부터 체스, 카드 게임, 백개먼(두 사람이 하는 서양식 주사위 놀이), 마작 등 여러 게임들을 즐겼던 프래드만이 이제 유명한 게임 이론 과정들을 가르치고 있는 것이지요.

프래드만은 여러 종류의 퍼즐을 소개하는 사이트인 〈Erich's Puzzle Palace〉를 만들어 여러 사람들이 즐겁게 수학 퍼즐을 즐길 수 있도록 했어요. 그가 만든 수많은 퍼즐들은 두뇌 게임, 세계퍼즐선수권대회, 게임 등에 이용되며, 교과서에도 나올 만큼 유명하답니다.

다음은 프래드만의 퍼즐 중 여러분이 사칙연산을 이용해 풀 수 있는 퍼즐 3가지입니다. 규칙에 맞게 퍼즐을 해결해 봅시다.

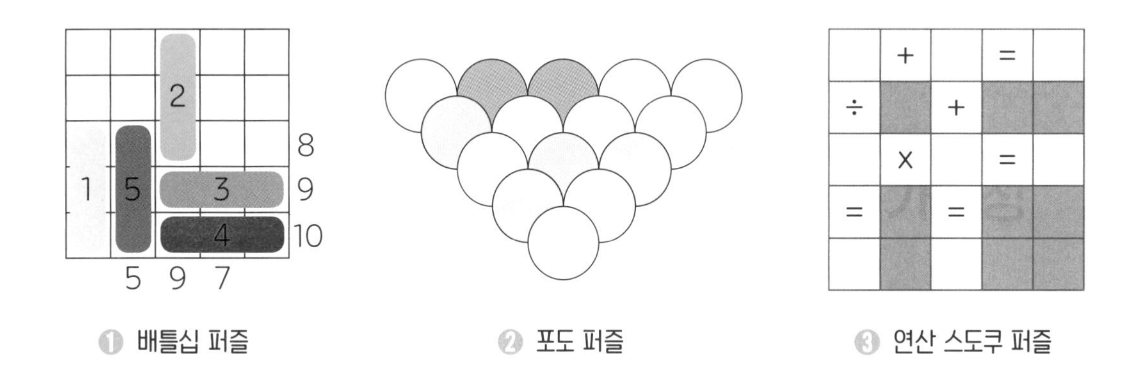

① 배틀십 퍼즐 ② 포도 퍼즐 ③ 연산 스도쿠 퍼즐

정답 4쪽

생각해 보기

1 배틀십 퍼즐에 대해 알아보고 퍼즐을 풀어봅시다.

| 예시 및 규칙 |

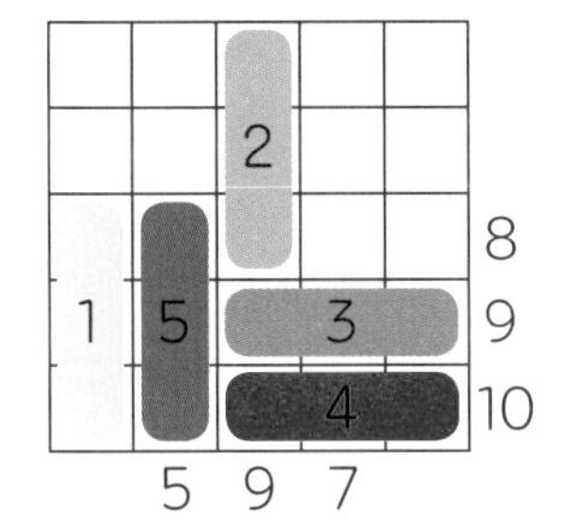

① 3×1짜리 배틀십 5척을 칸을 따라 가로 또는 세로로 그립니다.
② 각 배틀십은 숫자 1~5를 나타내며, 한 숫자당 한 척 총 5척입니다.
③ 각 배틀십은 서로 겹쳐서 위치할 수 없습니다.
④ 표 아래에 적힌 5, 9, 7은 각각의 숫자가 적힌 행(세로줄)에 위치한 배틀십에 적힌 수의 합, 표 오른쪽에 적힌 8, 9, 10은 각각의 숫자가 적힌 열(가로줄)에 위치한 배틀십에 적힌 수의 합을 나타냅니다.

❶

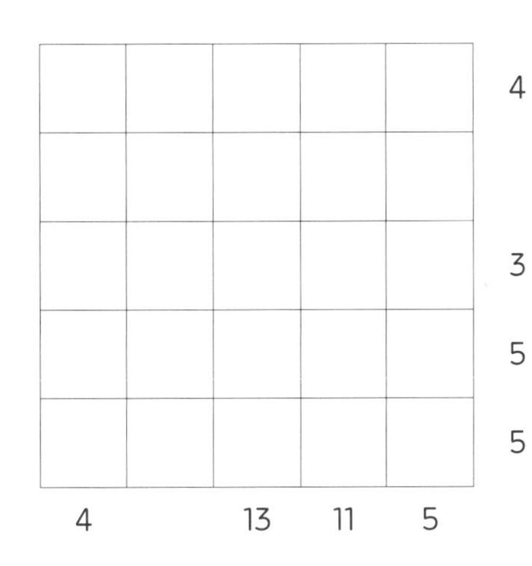

❷

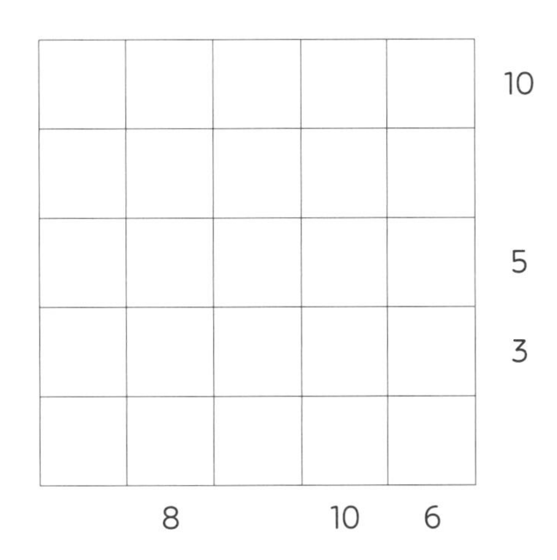

2 포도 퍼즐에 대해 알아보고 퍼즐을 풀어봅시다.

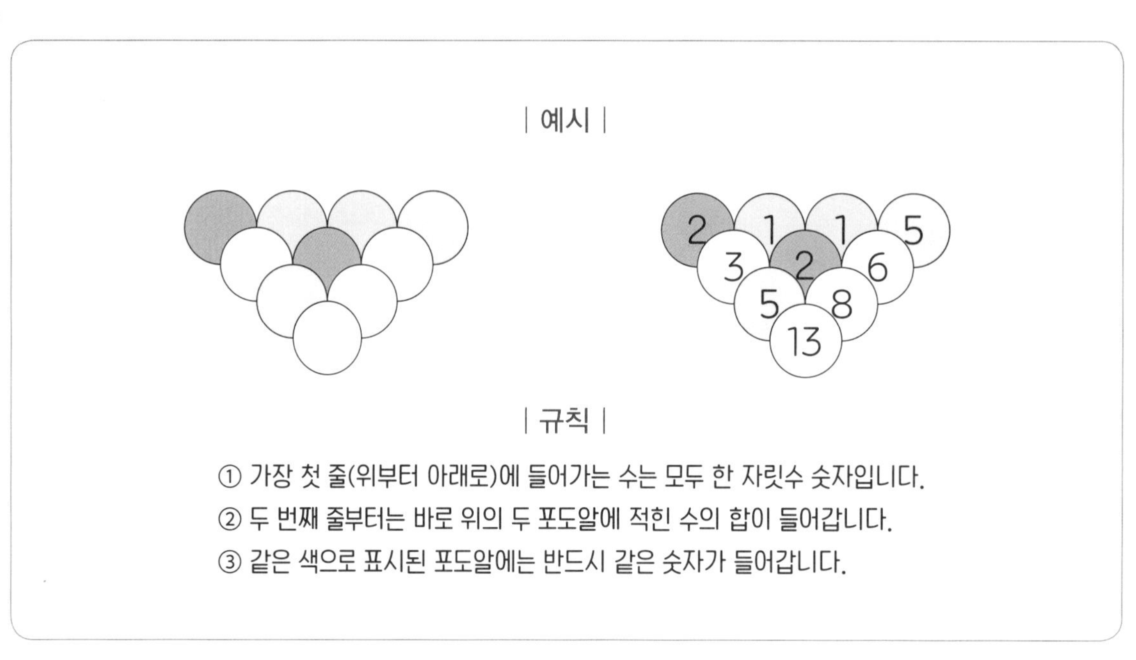

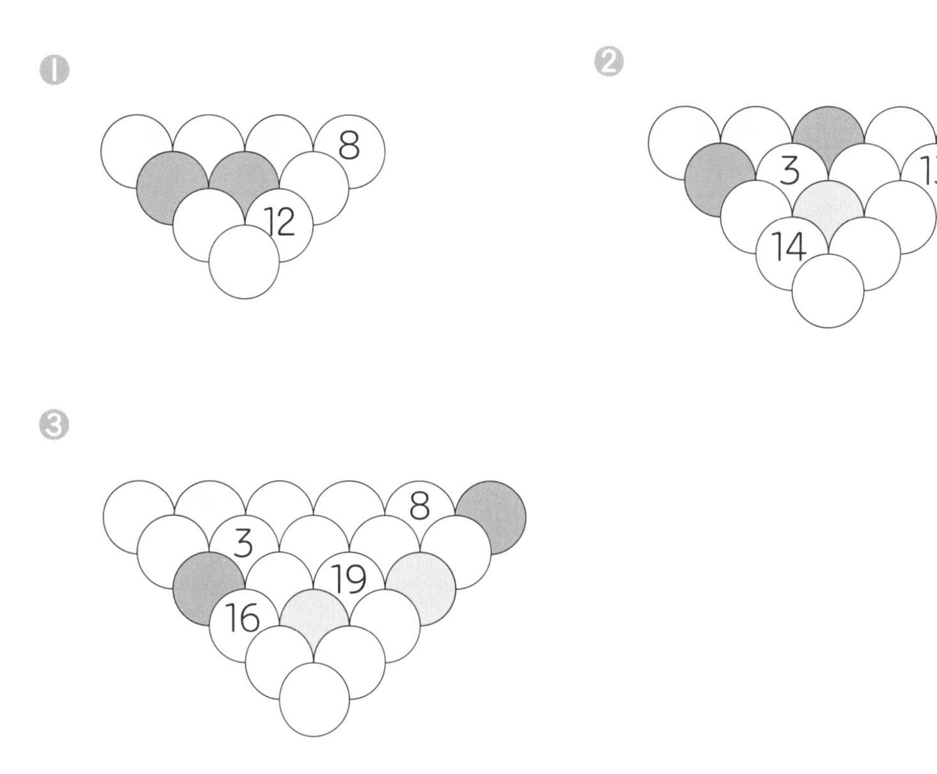

정답 4쪽

3 연산 스도쿠 퍼즐에 대해 알아보고 퍼즐을 풀어봅시다.

| 예시 및 규칙 |

8	+	12	−	7	=	13
+		÷		+		
11	+	4	−	6	=	9
−		÷		+		
5	×	1	×	2	=	10
=		=		=		
14		3		15		

① 빈칸에는 1부터 n까지의 숫자가 들어갑니다.
② n은 빈칸의 개수입니다.
③ 세로, 가로줄의 등식들을 모두 성립합니다.
④ 숫자들은 한 번씩만 사용됩니다.

❶

	÷		=	
+		×		
	+		=	
=		=		

❷

	×		+		=	
+		÷		+		
	×		−		=	
=		=		=		

4 수학 유언 〈분수의 덧셈과 뺄셈〉

읽어 보기

디오판토스의 묘비

디오판토스는 200년대 후반 이집트의 알렉산드리아에 살았던 수학자입니다. 방정식의 연구에 일생을 바친 그가 언제 태어났는지, 언제 죽었는지는 알려지지 않았어요.

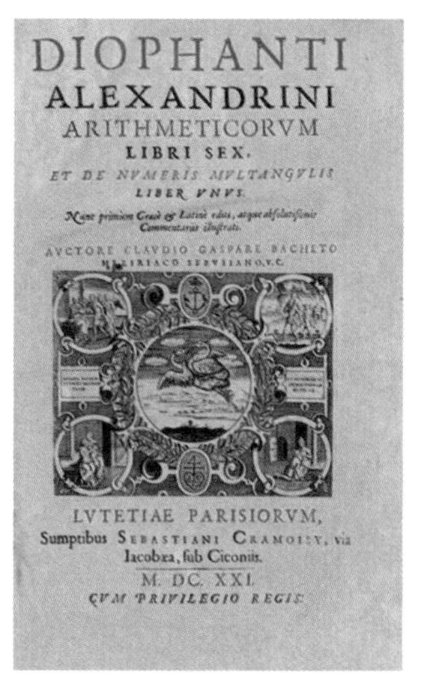
DIOPHANTI
ALEXANDRINI
ARITHMETICORVM
LIBRI SEX.
ET DE NVMERIS MVLTANGVLIS
LIBER VNVS.
AVCTORE CLAVDIO GASPARE BACHETO
LVTETIAE PARISIORVM,
Sumptibus SEBASTIANI CRAMOISY, via
Iacobæa, sub Ciconiis.
M. DC. XXI.
CVM PRIVILEGIO REGIS.

디오판토스의 『산수론』

수학에는 대수학, 기하학, 해석학, 위상수학 등 여러 가지 분야가 있는데 고대 그리스 시대에 가장 발달했던 분야는 기하학이었습니다. 그래서 당시 수학자들은 대부분 기하학을 연구했어요. 그러나 디오판토스는 식의 계산이나 방정식을 다루는 대수학을 연구했습니다. 대수란 말 그대로 '숫자를 대신한다'는 뜻으로 디오판토스는 미지수를 처음으로 문자화하여 '어떤 수'라는 말 대신에 n이라는 문자를 사용하였어요. 수학식에 처음으로 문자를 도입한 공로로 오늘날 '대수학의 아버지'라고 불린답니다.

> **용어 정리**
>
> - 대수학 : 수학의 한 분야로 수 대신 문자를 쓰거나, 수학 법칙을 간명하게 나타내는 것. 방정식의 문제를 푸는 데서 시작됨
> - 기하학 : 점, 직선, 곡선, 면, 부피 사이의 관계를 연구하는 수학 분야
> - 방정식 : 미지수를 포함하는 등식으로, 미지수의 값에 따라 참 또는 거짓이 되는 식
> - 미지수 : 값을 알지 못하여 구해야 하는 수. 흔히 □, x, y 등으로 표시함

디오판토스는 죽어서도 묘비에 방정식 문제를 적어 놓았습니다. 후대 사람들이 문제를 풀면서 자연스럽게 방정식을 이해하게 하고 싶어서였을까요? 묘비의 문제를 풀면 디오판토스가 몇 살까지 살았는지 알 수 있습니다.

정답 5쪽

생각해 보기

1 디오판토스의 묘비에는 다음과 같은 문제가 새겨져 있습니다. 이를 토대로 각 문제를 풀어 보세요.

이 묘지에 디오판토스가 잠들다.

신의 축복으로 태어난 그는 인생의 $\frac{1}{6}$을 소년으로 살았고 그 뒤 인생의 $\frac{1}{12}$이 더 해졌을 때 수염이 나기 시작했다.

다시 인생의 $\frac{1}{7}$이 지난 뒤 그는 아름다운 여인과 결혼했고 5년 만에 소중한 아들이 태어났다. 그러나 슬프게도 그의 아들은 아버지의 반밖에 살지 못했다.
아들을 먼저 보낸 그는 깊은 슬픔에 빠져 4년간 수학에 몰두하며 스스로를 위로하다가 생을 마감했다.

❶ 디오판토스의 나이를 3가지 방법으로 풀어 보세요. 그중 한 가지 방법으로 디오판토스의 나이를 □나 X로 표기하여 수식으로 푸는 방법을 이용하도록 합니다.

❷ 디오판토스가 수염이 나기 시작한 나이는 몇 세인가요?

❸ 디오판토스가 결혼한 나이는 몇 세인가요?

2 다음 표에 16개의 수들이 채워지면 가로, 세로, 대각선의 네 수의 합이 모두 같게 됩니다. ★에 들어갈 알맞은 수는 무엇인가요?

0.3		$1\frac{2}{5}$	$\frac{1}{2}$
	$\frac{3}{5}$		
	★		
	1.2		$\frac{4}{13}$

3 어떤 분수의 분자와 분모의 차가 93이고 이 분수를 약분했더니 $\frac{4}{7}$가 되었습니다. 어떤 분수를 구해 보세요.

4 넓이가 $4\frac{2}{5}\,m^2$인 정사각형 ABCD가 있습니다. 각 변의 가운데 점을 이어 새로운 정사각형을 계속해서 만들었을 때 색칠한 부분의 넓이는 몇 m^2인지 구해 보세요.

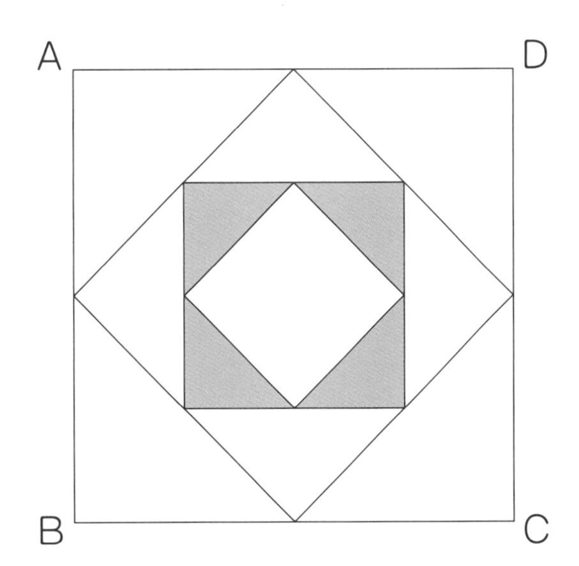

5 4개의 4를 이용하여 1부터 10까지의 수를 만들려 합니다.

❶ 사칙연산을 활용하여 2개와 3개의 4로 만들 수 있는 수부터 생각해 봅시다.

2개의 4로 만들 수 있는 수	3개의 4로 만들 수 있는 수
│예시│ $4+4=8$	│예시│ $\frac{4}{4}+4=5$

❷ 4개의 4를 사칙연산을 적절히 활용하고, 적어도 하나의 분수를 이용하여 각각의 수를 만들어 봅시다.

1		6	
2		7	
3		8	
4		9	
5		10	

정답 5쪽

6 글을 읽고 피타고라스의 제자는 모두 몇 명이었는지 구해 봅시다.

묘비를 수학 문제로 적어 놓은 디오판토스 말고도, '시'에 수학 문제를 낸 수학자도 있답니다. '피타고라스의 정리'로 유명한 피타고라스는 모든 만물을 수로 설명할 수 있다고 믿었던, 수를 사랑한 수학자이자 철학자랍니다. 어려서부터 신동이라고 불리고 '피타고라스의 정리'뿐만 아니라 '다섯 개의 정다면체의 발견'등의 수학적 개념을 정리하는 등 업적이 많은 수학자이죠.

다음은 피타고라스가 『그리스 시화집』이라는 책에 실은 시랍니다. 시를 읽고 피타고라스의 제자는 모두 몇 명인지 구해 볼까요?

위대한 피타고라스여
뮤즈의 여신의 자손이여
가르쳐 주십시오.

내 제자의 절반은
수의 아름다움을 탐구하고

자연의 이치를 구하는 자가
4분의 1이며,

7분의 1의 제자들은
굳게 입을 다물고
깊이 사색에 열중하고 있습니다.

그 외 제자가 3명입니다.

• 방정식의 역사

영상을 통해 방정식의 역사에 대해 알아봅시다.

→ 주소 https://www.youtube.com/watch?v=ICcztkGsY9I

스캔해 보세요!

자릿수합과 자릿수근

읽어 보기

컴퓨터는 이제 우리 생활과 떼려야 뗄 수 없는 존재가 되었습니다. 배가 고파서 편의점에 가서 과자 한 봉지나 음료 한 캔을 샀다면, 봉투나 캔에서 **바코드**나 **QR코드**를 볼 수 있을 거예요. 여기서도 컴퓨터와 관련된 수학의 원리를 찾을 수 있습니다.

컴퓨터는 0과 1 두 숫자만 이용하는 '이진법' 언어를 사용합니다. 그리고 바코드를 이루고 있는 검은 막대와 흰 막대는 바코드 인식 장치를 통해 0과 1로 바뀌어 컴퓨터에 입력됩니다. 즉, 바코드는 컴퓨터를 움직이는 계산 규칙인 0과 1의 이진법으로 이루어진 언어인 셈인 것이지요.

보통 13자리로 이루어진 바코드에는 그 제품을 만든 나라, 회사, 그 제품의 고유 번호 등의 정보가 포함되어 있습니다. 처음 3자리는 나라를 나타냅니다. 우리나라를 나타내는 번호는 880이에요. 그 다음 4자리는 만든 기업, 그 다음 5자리는 상품의 이름, 마지막 한 자리는 코드에 잘못된 점이 있는지를 확인하는 **체크숫자**check digit입니다.

국제표준도서번호ISBN 등 바코드를 활용하는 코드뿐 아니라 신용카드나 주민등록번호에도 검증 숫자라 불리는 숫자가 존재하고, 저마다 체크숫자를 확인하는 다양한 방법들이 존재합니다. 하지만 기본적인 원리는 같아요. 체크숫자의 기본 원리가 되는 '**자릿수합**digital sum'과 '**자릿수근**digital root'이 무엇인지 알아봅시다.

정답 7쪽

생각해 보기

1 다음 상자 속에서는 어떤 일이 일어나고 있나요?

❶

입력				출력
3	→		→	6
5	→		→	10
7	→		→	14
9	→		→	18
11	→		→	22

❷

입력				출력
3.14	→		→	3
8.88	→		→	9
16.33	→		→	16
24.89	→		→	25
88.42	→		→	88

❸

입력				출력
3	→		→	3
7	→		→	7
25	→		→	7
36	→		→	9
45	→		→	9

❸처럼 각 자리의 숫자들을 더하여 그 값을 구하는 것을 '자릿수합'을 구한다고 합니다. 48처럼 4+8=12으로 값이 한 자릿수가 아닌 경우 한 번 더 1+2=3으로 자릿수합을 계산하여 최종 값을 한 자릿수로 만들어 주어야 합니다. 이처럼 자릿수합을 구하는 연산을 반복하여 얻은 한 자릿수를 '자릿수근'이라고 합니다.

2 다음 수의 자릿수근을 구해 보세요.

5	→		3	→	
19	→		13	→	
24	→		16	→	
45	→		17	→	
123	→		25	→	
168	→		42	→	

→ 위의 연산을 통해 알 수 있는 자릿수근의 특징들을 발견하여 적어 보세요.

정답 7쪽

3 9×9 곱셈표에서 숫자들의 곱셈 결과의 자릿수근을 구하여 적어 보고, 같은 숫자들이 적힌 칸들은 같은 색깔로 칠해 보세요.

x	1	2	3	4	5	6	7	8	9
1									
2									
3									
4									
5									
6									
7									
8									
9									

→ 위의 표에서 발견할 수 있는 수학적 특징들을 발견하여 적어 보세요.

60분과 360°에 남아 있는 60진법

아리비아 숫자에서와 같은 위치 기수법은 언제 어디에서 생겨났을 것 같나요? 언뜻 생각하기에는 위치 기수법이 아라비아 숫자와 같은 시기에 만들어졌을 것 같지만 실제로는 그렇지 않답니다. 훨씬 더 긴 역사를 가지고 있어요. 아라비아 숫자 열 개가 모두 등장한 가장 오래된 기록이 876년에 새겨진 인도의 비문입니다. 그에 비해 위치 기수법의 시작은 기원전 2000년으로 거슬러 올라갑니다. 인류의 긴 역사 속에서 위치 기수법은 네 번 발명되었습니다.

- 기원전 2000년경 바빌로니아(현재의 이라크 남부 지역)
- 기원전 중국
- 3~9세기 마야(현재의 유카탄 반도 지역)
- 6~8세기 인도

위치 기수법의 고향은 **바빌로니아**입니다. 바빌로니아는 약 4000년 전 지금의 이라크, 시리아 등에 해당하는 중동 땅에 자리 잡았던 나라입니다. 고대 바빌로니아인들은 수메르 문화를 이어받아 수준 높은 문명을 이룩하였어요. 특히 천문학과 수학이 발달하여 수의 진법, 각도, 측량 기술 등에 대한 연구가 활발했습니다. 이때 만들어진 1주일, 시간의 12진법, 60진법 등은 오늘날에도 쓰이고 있는 것이랍니다. 즉, 1시간이 60분인 것은 60부터 새로운 단위가 나타나는 바빌로니아의 60진법의 영향을 받은 대표적인 예시인 것이지요.

바빌로니아에는 숫자가 존재했지만, 오늘날 우리 생활에서는 전혀 사용되고 있지 않아요. 왜일까요? 어렵고, 엄청나게 복잡합니다. 아라비아 숫자의 위치 기수법은 10이 기준이 됩니다. 각 자릿수는 10의 몇 제곱이냐에 따라 구별되는데, 이러한 방식을 **'10진법'**이라고 하지요. 그런데 바빌로니아에서는 무려 **'60진법'**을 사용했답니다. 60진법의 365가 10진법에서는 어떤 수가 되는지 한번 계산해 볼까요?

365(60진법)
$=3\times60^2+6\times60^1+5\times60^0$
$=3\times3600+6\times60+5\times1$
=11165(10진법)

답은 11165가 되는군요. 예를 들기 위해 간단한 수를 계산한 것이고 실제로 60진법은 굉장히 복잡합니다. 한 자릿수에서 0부터 59까지 모두 60개의 숫자가 들어갈 수 있기 때문이죠. 바빌로니아인들은 1에서 59까지의 숫자를 각각 60개의 기호로 표시하지 않고 두 개의 기호만을 사용했는데, 1은 𒁹 로, 10은 1을 나타내는 기호를 옆으로 누인 𒌋 로 표기했어요. 이러한 문자는 그 모양이 쐐기와 비슷하다고 해서 '쐐기문자' 라고 이름이 붙여졌습니다.

바빌로니아 문서

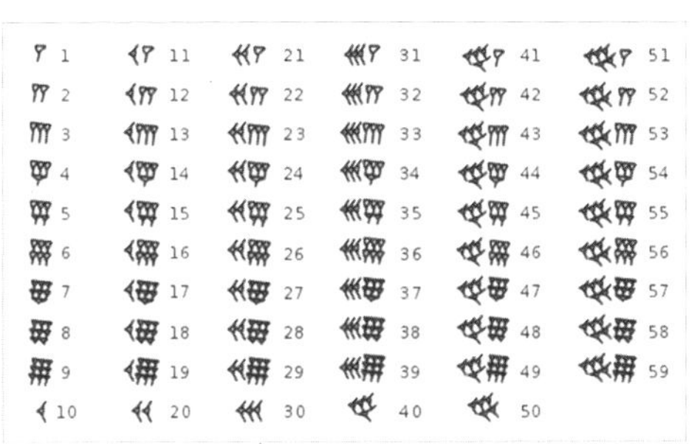

바빌로니아 숫자

바빌로니아인들은 바늘을 가지고 젖은 점토판에 쐐기문자를 새겨 넣은 후, 이 기록을 오랫동안 보전하기 위해 그 판을 화덕 속에서 구웠습니다. 그리고 이 판이 19세기에 기원전 1600년경의 함무라비 왕조의 점토판이 발굴되면서 바빌로니아인들이 상업과 농업에서 상당히 높은 수준의 계산술을 사용했고 60진법의 수 체계를 사용했음을 말해 주는 증거가 되었답니다.

차츰 아라비아 숫자가 대중적으로 자리 잡게 되면서 이제 전 세계 공용 숫자가 되었지만, 60진법은 그 흔적이 여전히 우리 주위에 남아 있습니다. 시간과 각도가 대표적이지요. 60진법이 문명과 과학에 기여한 바가 크다는 증거가 될 수 있겠지요?

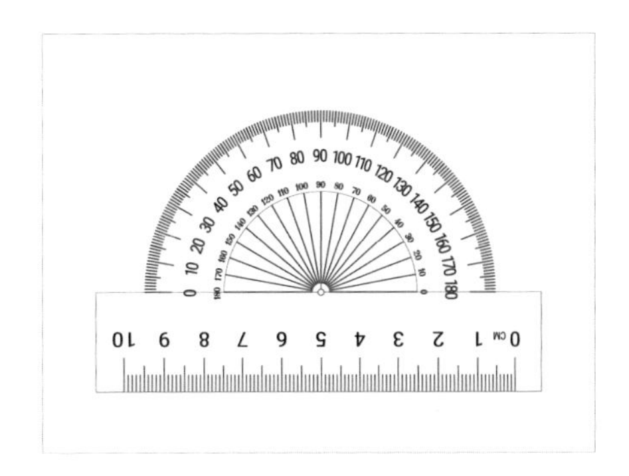

2 도형과 측정

기리 타일

읽어 보기

정다각형 테셀레이션(정규 타일링)이나, 준정다각형 테셀레이션(아르키메데스 타일링)은 정다각형을 이용하여 겹침 없이 평면을 채웁니다. 그와 달리 정다각형이 아닌 일반적인 다각형을 함께 이용하여 면을 채우는 경우가 있는데, 그 대표적인 예가 '기리 타일링'입니다. 이슬람 사원을 장식하고 있는 각양각색의 대칭적인 무늬를 연구한 연구진들이 그 결과를 2007년 과학저널 『사이언스』에 발표했어요. 그 기사를 한 번 읽어 볼까요?

이슬람 문양 규칙성 찾았다…
"4, 5개 단위로 묶으면 패턴"

터키를 비롯한 이슬람권 나라를 여행하다 보면 형형색색 기하학적 무늬로 치장한 중세 이슬람 사원을 쉽게 볼 수 있다. 별과 다각형과 여러 선이 중첩된 무늬의 타일로 만든 벽과 바닥은 복잡한 듯해도 규칙성이 있어 보인다. 그러나 얼마 전까지지도 그 규칙성은 좀처럼 밝혀지지 않았다.
최근 미국 하버드대 피터 루 박사와 프린스턴대 폴 슈타인하르트 박사는 이슬람 장인들이 **'기리(girih)'**라는 장식용 다각형 타일을 이용해 다양한 규칙성을 만들었다는 연구 결과를 내놨다. 연구자들은 그전까지 이슬람 장인들이 자와 컴퍼스로 이들 문양을 만들었을 것으로 추정해 왔다. 실제로 중세 이슬람 사원에 사용된 문양은 일반 바닥 타일처럼 쉽게 규칙성을 띠지 않는다. 연구팀은 아프가니스탄 티무리드 사원, 이란의 셀주크 모스크, 우즈베키스탄 티무리드 투만 아콰 묘당 등에 새겨진 중세 이슬람 문양을 분석했다.
이들 문양의 기본 형태는 대부분 36도나 72도를 회전하면 같은 모양이 되는 5각형과 10각형. 이런 '회전대칭형'타일은 일반적으로 반복되는 문양에 사용하지 않는다. 반복해서 붙일 경우 사이사이에 틈이 생기기 때문이다.
연구팀은 이들이 4, 5개씩 하나의 단위로 묶여 규칙성을 띤다는 사실을 알아냈다. 루 박사는 "이슬람권 나라에 퍼져 있는 광범위한 건축물과 예술품에서 이 같은 형태를 발견했다"며 "이들 규칙성은 지난 500년간 서구에서 이해하지 못한 수학적인 연산 과정을 반영하고 있다"고 말했다. 이 연구 결과는 미국의 과학저널 『사이언스』 23일자에 실렸다.

박근태 기자, 동아사이언스, 2007.2.23

다음 사진들이 500년 만에 벗겨진 기리의 비밀을 담은 사진과 분석 그림입니다.

터키 부르사(1424)　　　이란 이스파한(1453)

위의 사진과 같은 문양은 아래 사진과 같이 선이 그려져 있는 여러 가지 모양의 타일을 붙여서 만듭니다.

기리 타일　　　기리선

이때 이 타일을 **기리 타일**이라고 하고 타일 위에 있는 여러 선들을 가리켜 **기리선**이라고 합니다. 여러 가지 기리 타일을 기리선이 이어지도록 붙이고, 완성되고 난 기리 타일의 모습을 보면 타일의 모양은 보이지 않고, 타일 위에 선이 이어져 문양을 만들어내는 것을 볼 수 있습니다. 기리 타일은 총 다섯 가지로 이루어져 있습니다.

기리 타일의 종류

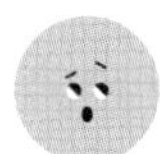

생각해 보기

1 다섯 가지의 기리 타일들을 모두 사용하여 정오각형을 빈틈없이 채워 봅시다. (부록: 기리 타일)

◆ 부록의 기리 타일을 이용하거나, 아래에서 소개하는 기리 타일 프로그램을 활용합니다.

• 기리 타일 만들기

기리 디자이너 사이트에서 기리 타일을 이용한 타일링을 해 봅시다.

→ https://www.girihdesigner.com

스캔해 보세요!

영상을 통해 기리 디자이너 이용 방법을 배울 수 있습니다.

정답 8쪽

2 1번의 정오각형이 완성될 때 쓰인 각각의 기리 타일의 개수를 적어 봅시다.

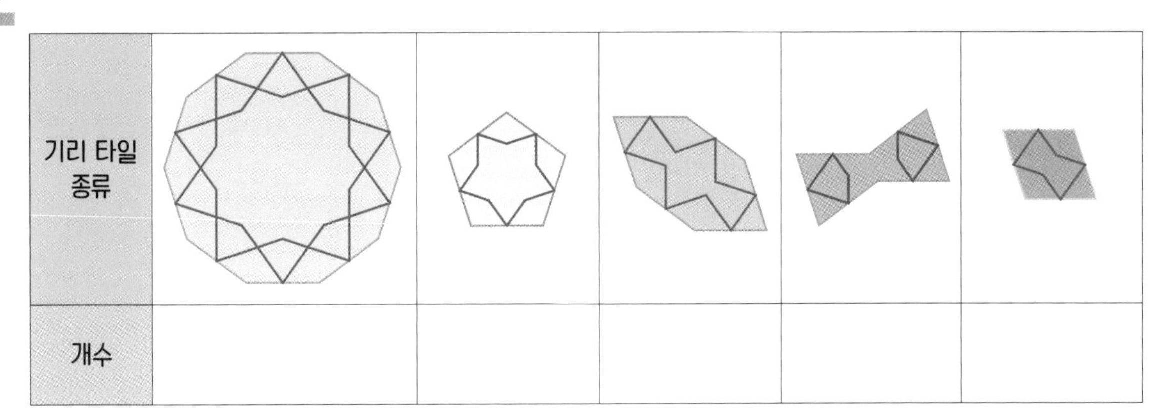

기리 타일 종류					
개수					

3 기리 타일이 빈틈없이 채워지는 이유를 찾아봅시다.

❶ 첫 번째 탐구 주제, '길이'

자를 이용해 타일의 각 변의 길이를 측정하여 적어 봅시다. (준비물: 자)

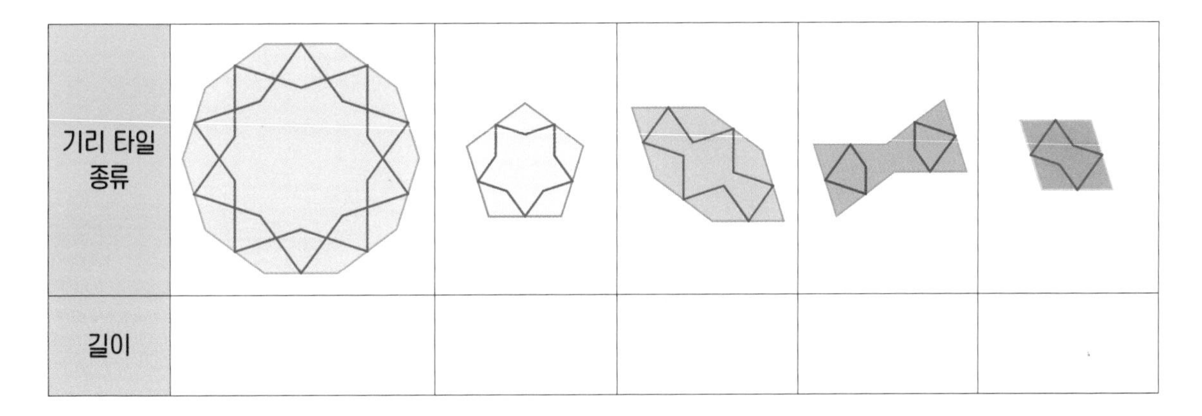

기리 타일 종류					
길이					

기리 타일 길이의 특징은 무엇인가요?

각 타일의 변의 길이가
모두 (   )

❷ 두 번째 탐구 주제, '무늬'

타일 무늬의 공통점을 찾아 적어 봅시다.

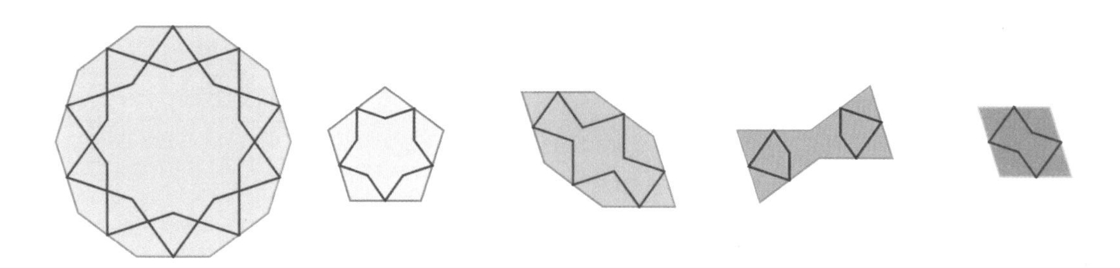

타일에 그려진 모든 무늬는
각 변의 (　　　)에서 만납니다.

❸ 세 번째 탐구 주제, '각도'

각도기를 이용하여 각 타일의 각을 재어 봅시다. (준비물: 각도기)

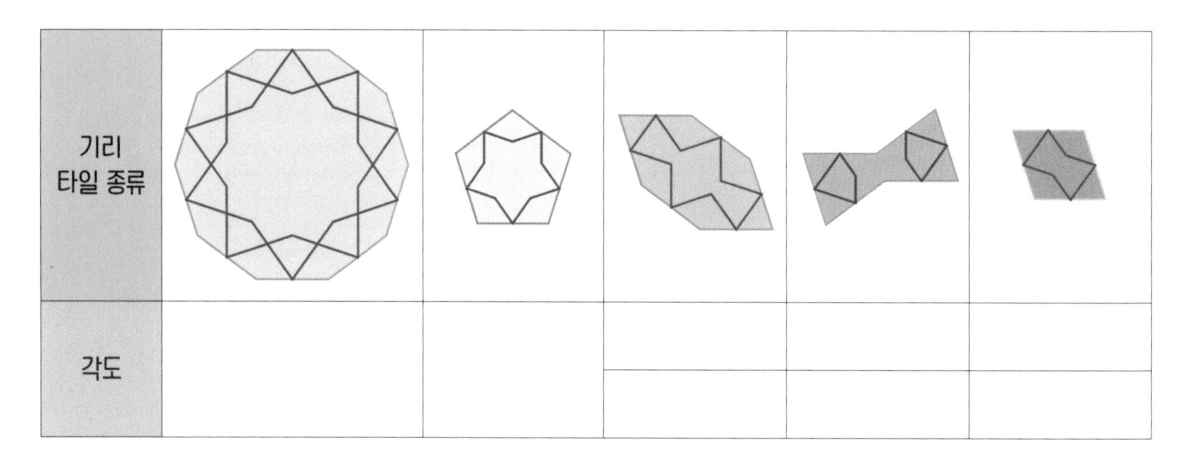

기리 타일 종류					
각도					

각 타일의 각도는 어떤 공통점을 가지고 있나요?

각 타일의 각도는 모두
(　　)의 배수입니다.

정답 8쪽

4 아래의 문제에 답해 보세요.

❶ 기리 타일은 모두 선대칭도형입니다. 각 타일의 대칭축 개수를 구해 보세요.

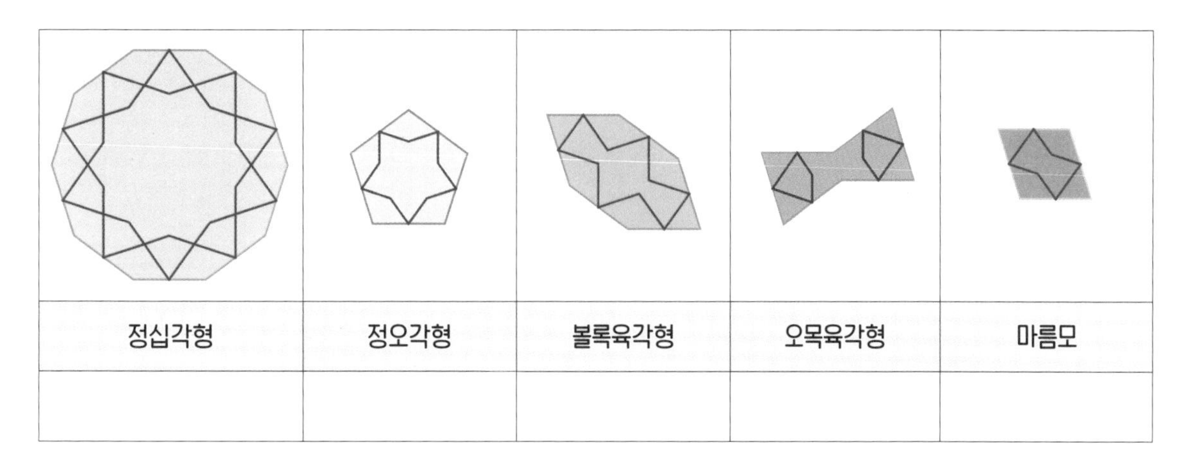

정십각형	정오각형	볼록육각형	오목육각형	마름모

❷ 기리 타일 중 점대칭도형이 아닌 것은 어떤 타일인가요?

5 아래 기리선을 보고 기리 타일의 원래 모양을 그려보세요.

❶

❷

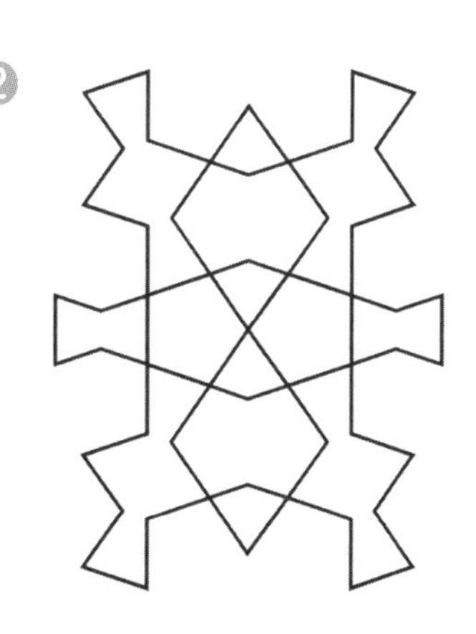

입체도형의 이쪽 저쪽

읽어 보기

사진 속 건물은 덴마크 코펜하겐에 있는 티에트겐 학생 기숙사입니다. 건물 모양이 어떤 도형을 닮았나요? 바로 '원'입니다. 기숙사 건물을 동그랗게 지은 것일까요?

반면, 아래의 건물을 보니 어떤 도형들이 눈에 띄나요? 방 각각의 모양들이 마치 네모난 블록들을 끼워 놓은 것 같네요.

재미있는 사실은 위의 사진과 아래의 사진 모두 같은 건물을 찍은 사진이라는 것입니다. 2005년 지어진 이 기숙사는 세계에서 가장 아름다운 기숙사로 뽑히며 지어지자마자 세계 건축계에서 중요한 현대건축 작품으로 인정받은 걸출한 기숙사입니다.

이 건물은 가까이서 보면 마치 블록을 이리저리 끼워 맞춘 듯하고, 멀리 떨어져서 보면 큰 케이크 같기도 하고, 위에서 보면 도넛 같기도 하네요. 그러니 한쪽 면만 보고 건물 전체를 예상하기에는 어려워 보입니다.

이렇듯 우리는 사물을 볼 때 한쪽 방향에서만 볼 수 있기 때문에 **앞, 옆, 위에서 본 모양을 모두 종합적으로 생각하며 입체 도형의 전체 모양을 짐작해야 합니다.** 티에트겐 기숙사의 경우는 아주 특별한 경우에 속하고, 우리가 일반적으로 볼 수 있는 건물들은 직육면체 모양이지요. 이번 주제에서는 티에트겐 기숙사 건물처럼 정육면체 여러 개를 쌓아 만든 입체 도형의 앞, 옆, 위에서 본 모습을 살펴보겠습니다.

그리고 여러분이 입체도형을 공부할 때 아주 유용한 사이트 한 곳을 소개해 줄게요. 바로 **'알지오매스** AlgeoMath'입니다. 알지오매스는 한국과학창의재단이 무료로 보급하는 수학 탐구용 소프트웨어입니다. 별도의 설치 없이 pc, 태블릿, 스마트폰 등에서 이용할 수 있어요. 특히 초등학생들의 경우 쌓기나무, 전개도, 연결큐브 등 입체도형의 성질을 탐구할 때 아주 유용하게 활용할 수 있답니다.

아래 왼쪽 사진처럼 내가 원하는 대로 쌓기나무를 쌓아보고, 관찰하고 싶은 방향으로 쌓기나무를 회전시켜서 위, 아래, 옆모습도 탐구할 수 있어요. 오른쪽 사진처럼 원하는 정다면체의 전개도를 선택하여 기준면을 선택해 접어 보고, 회전시키며 탐구해 볼 수도 있습니다.

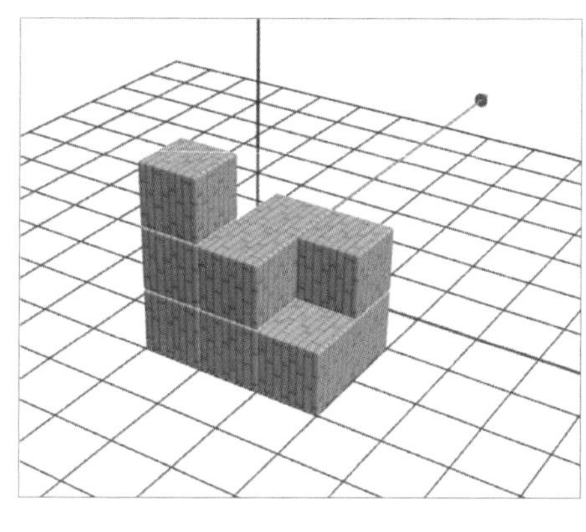

쌓기나무 쌓고 회전시켜보기

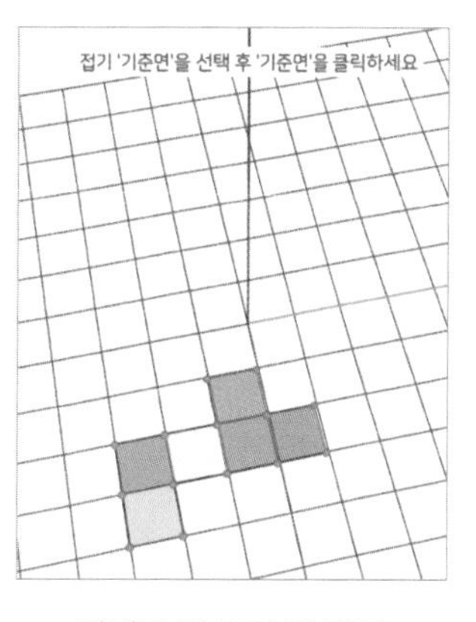

전개도 만들기 및 접기

• AlgeoMath

다음 사이트에서 쌓기나무를 쌓아보고 탐구해 봅시다.

→ 주소 https://www.algeomath.kr/

스캔해 보세요!

생각해 보기

1 다음 물건들을 위, 앞, 옆에서 본 모습을 그려 보세요.

물건	위	앞	옆
 MILK			

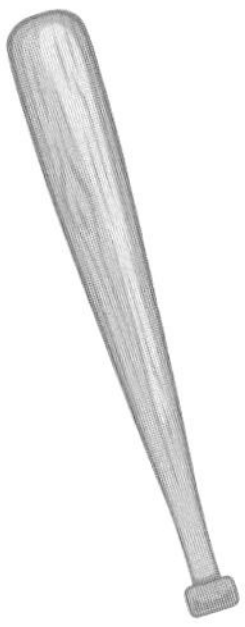			
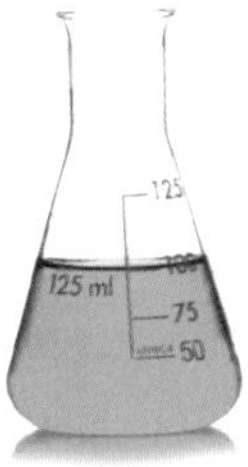 125 ml / 125 / 100 / 75 / 50			

2 어떤 물체를 위, 앞, 옆에서 본 그림입니다. 어떤 물체일지 상상해서 그려 보세요.

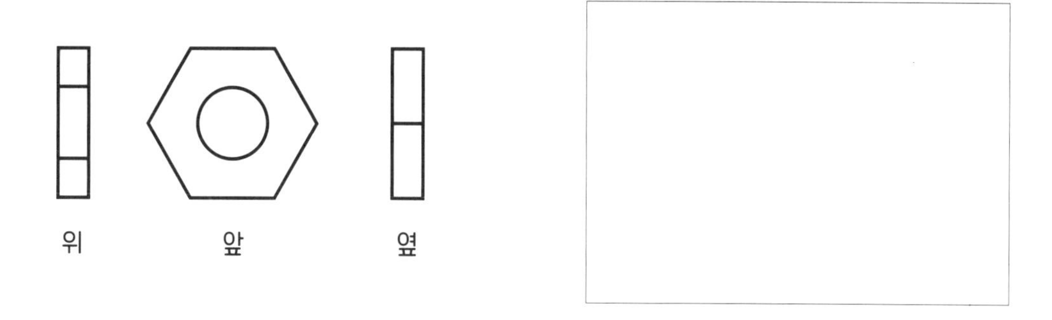

3 다음 쌓기나무 그림을 보고 위, 앞, 옆에서 본 모양을 그리세요. (단, 보이지 않는 부분은 쌓기나무가 없다고 생각합니다.)

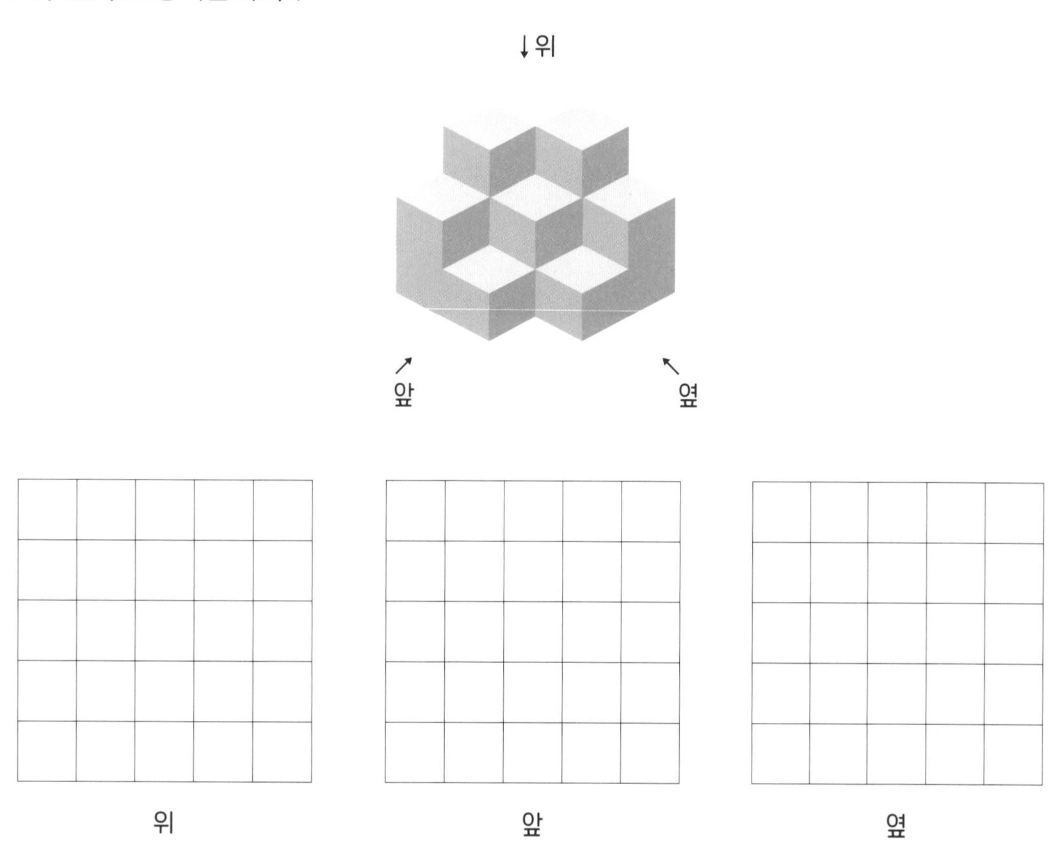

4 아래의 숫자는 한 줄의 위로 쌓여진 쌓기나무의 숫자입니다. 쌓여진 쌓기나무를 위, 앞, 옆에서 본 모양을 그려 보세요.

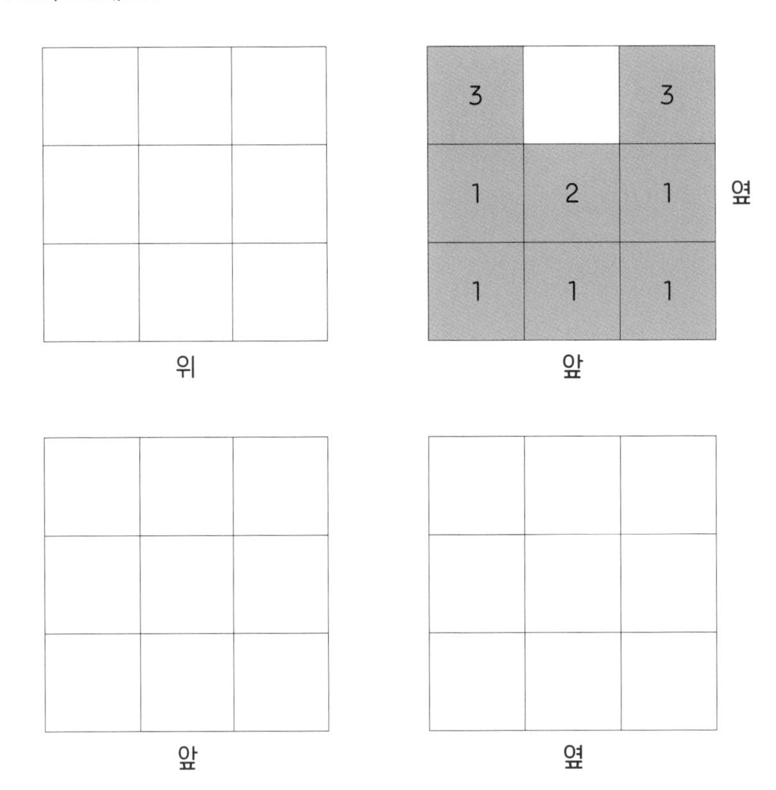

5 한 줄에 몇 개의 쌓기나무가 쌓여 있는지 표시된 아래 그림을 보고 바닥면을 제외한 겉면에서 보이는 쌓기나무의 면은 모두 몇 개인지 구해 보세요.

2	1	1
1	3	
3	1	

정답 8쪽

6 아래 모양은 쌓기나무 12개를 이용하여 쌓은 모양입니다. 이 모양을 노란색 쌓기나무 5개, 빨간색 쌓기나무 7개를 이용하여 쌓는다고 할 때, 노란색과 빨간색이 서로 이웃하지 않도록 쌓아야 합니다. 조건을 만족하도록 쌓았을 때, 앞에서 본 모양을 색을 구분하여 그리세요.

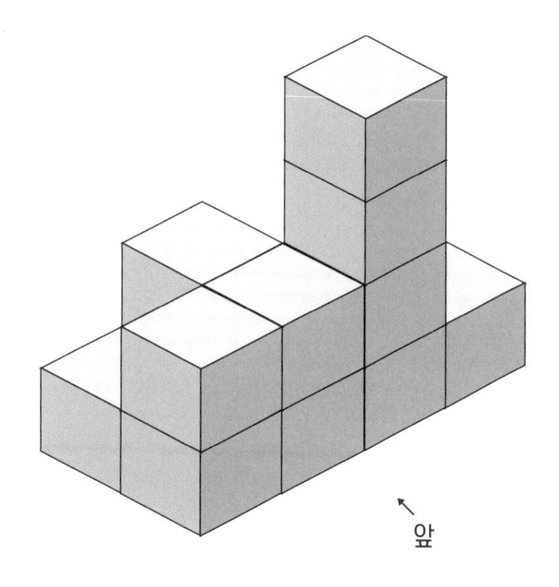

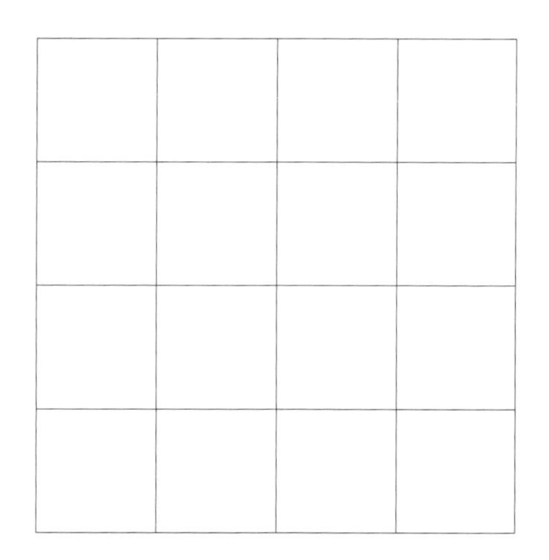

앞에서 본 모양

7 다음은 쌓기나무를 4층으로 쌓은 각 층을 위에서 본 모양입니다. 오른쪽 옆에서 본 모양을 그려 보세요.

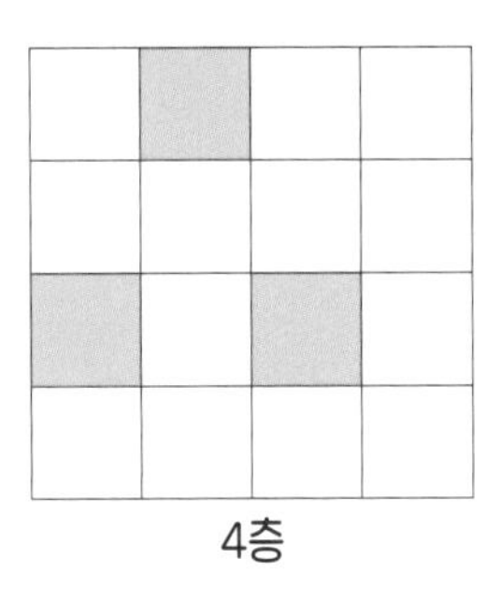

4층

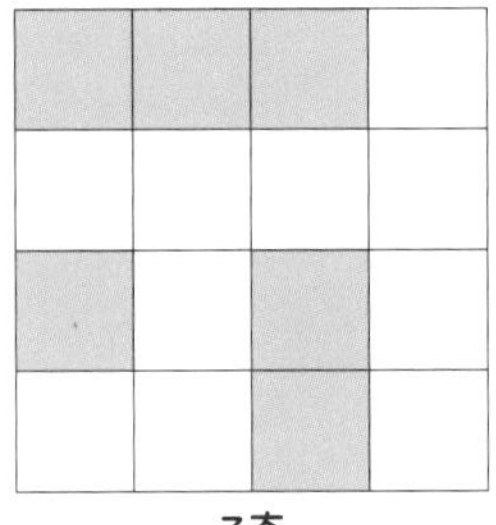

3층

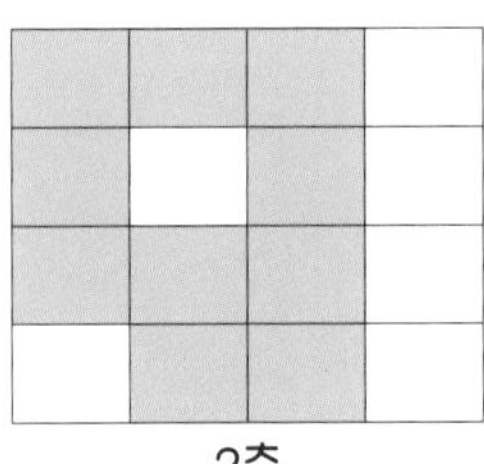

2층

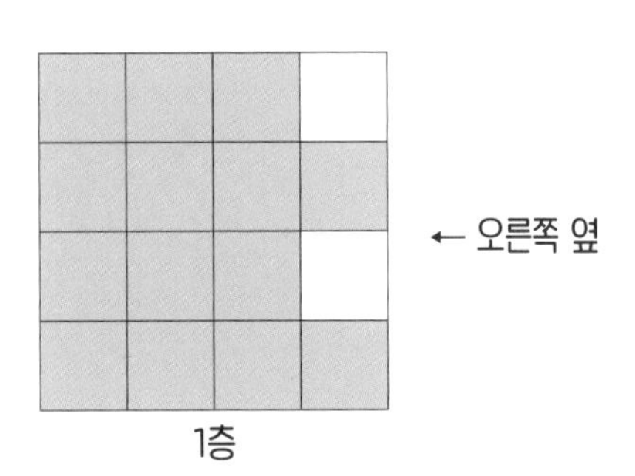

1층

오른쪽 옆

8 쌓기나무를 아래와 같이 쌓았을 때, 겉넓이를 구해 보세요. (쌓기나무 1개 면의 넓이는 $1cm^2$)

	1		
	3	1	2
2	1	1	
1	2		

9 다음은 크기가 같은 정육면체 모양의 쌓기나무 9개를 쌓아 만든 입체도형입니다. 이 도형 겉넓이가 $144cm^2$라면 부피는 몇 cm^3인지 구하세요.

정다면체

읽어 보기

"성냥개비 여섯 개로 정삼각형 네 개를 1분 내에 만들어 보세요!"

위 퀴즈는 한 공상과학 소설에 등장했던 문제랍니다. 이 문제의 답은 무엇일까요? 답은 바로 '피라미드', 다시 말해 '정사면체'랍니다. 문제를 풀 때 성냥개비들을 바닥, 즉 평면에만 놓고 움직여 보아서는 답을 찾을 수 없었겠지요?

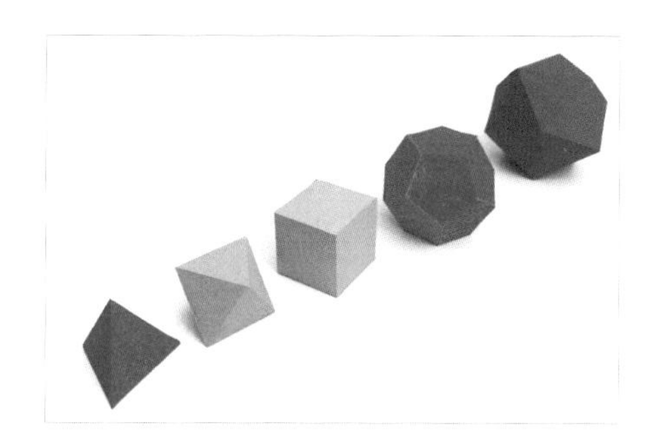

정다면체

정사면체는 정다면체 중 가장 간단한 모양입니다. **'정다면체'는 각 면이 모두 합동인 정다각형으로 이루어져 있고, 각 꼭짓점에 모이는 면의 개수가 같은 다면체를 말합니다.** 정다면체에는 총 다섯 가지가 있는데, **정사면체, 정육면체, 정팔면체, 정십이면체, 정이십면체**이지요. 고대 그리스 철학자 **플라톤**은 이 다섯 개의 정다면체에 특별한 의미를 부여해 세상을 구성하는 다섯 요소와 연결했고, 이러한 이유로 정다면체를 '플라톤의 입체'라고도 합니다. 플라톤은 우주를 구성하는 물질인 물, 불, 흙, 공기를 정다면체와 어떻게 연관 지어 설명했을까요?

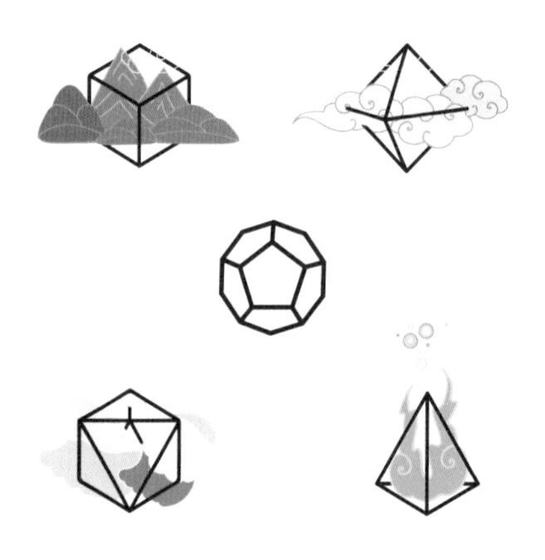

정다면체 중 가볍고 날카로워 보이는 정사면체는 불, 둥근 모양의 정이십면체는 가장 둥글어 보이기 때문에 움직임이 쉬운 물을 나타냅니다. 상자 모양의 정육면체는 견고해 보이기 때문에 안정적인 특성을 지닌 흙과 연결되고, 정팔면체는 마주 보는 꼭짓점을 잡고 쉽게 돌릴 수 있으므로 방향을 쉽게 바꾸는 공기와 연결했어요. 마지막으로 정십이면체는 황도십이궁과 같이 우주와 깊은 관련성을 지니고 있기 때문에 우주를 나타낸다고 보았어요.

이렇듯 플라톤은 우주를 구성하는 물질과 우주 자체를 모두 정다면체로 설명했고, 이러한 플라톤의 생각은 17세기까지 진지하게 받아들여졌다고 해요. 플라톤의 이론을 따랐던 독일의 천문학자 **케플러**는 1596년에 우주를 아래 그림과 같이 구 안에 정다면체를 넣은 모양으로 설명했습니다. 케플러가 살던 시대에는 수성, 금성, 지구, 화성, 목성, 토성의 여섯 개 행성만 알려져 있었는데, 케플러는 이 여섯 개의 행성 사이에 다섯 가지 정다면체를 아래 그림과 같이 배열한 천체 모델을 제시했어요.

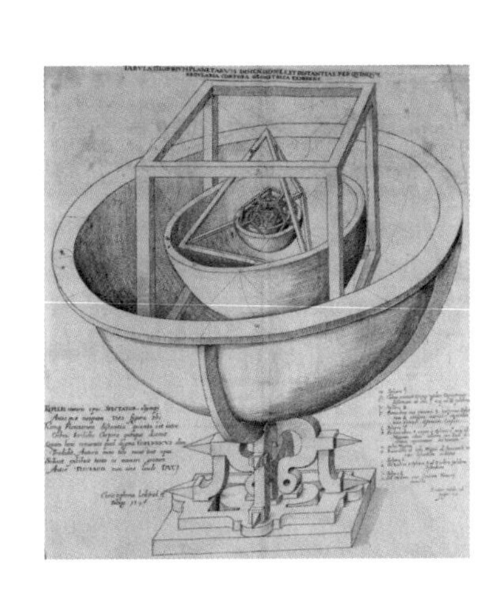

케플러는 행성이 여섯 개뿐(적어도 케플러가 살던 시대에는)인 까닭이 정다면체가 다섯 개뿐이기 때문이라고 결론 내렸고, 정다면체에서 행성의 구들을 유지하는 투명 구조물을 찾아냈다고 확신했습니다. 케플러는 이 이론을 '코스모스의 신비'라고 불렀고, 정다면체와 행성 간 거리의 관계가 '신의 손'을 의미한다고 굳게 믿었어요.

2003년에는 미국의 수학자 제프리 위크스가 우주가 정십이면체라 주장하는 논문을 발표했어요. 플라톤이 우주는 정십이면체라고 주장하고 몇 천 년이 흐른 후 다시 우주는 정십이면체라는 주장이 나온 것이지요. 물론 우주는 계속 팽창하고 있기 때문에 일정한 모양이라고 이야기하기는 어렵겠지만, 우주는 정말 정십이면체에 가깝게 생겼을지 궁금해집니다.

생각해 보기

1 정다면체의 의미를 잘 생각해 보며, 다음 입체도형이 정다면체가 아닌 이유를 설명해 보세요.

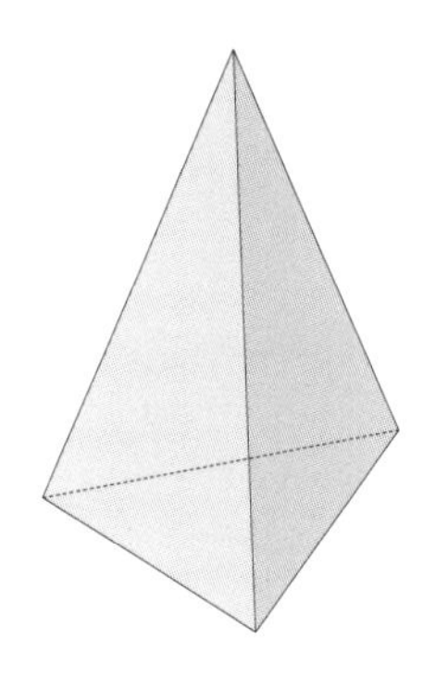

2 빈칸에 정다면체의 겨냥도를 그리고, 표의 빈칸을 채워 보세요.

	정사면체	정육면체	정팔면체
겨냥도			
면의 모양		정사각형	
면의 수	4		
모서리의 수			
꼭짓점의 수			

- 겨냥도 : 입체도형의 모양을 잘 알 수 있도록 보이는 모서리는 실선(–)으로, 보이지 않는 모서리는 점선(…)으로 나타낸 그림

3 오일러의 공식을 이용하여 다음 빈칸을 채워 보세요.

	정십이면체	정이십면체
겨냥도		
면의 모양		정삼각형
면의 수	12	
모서리의 수		
꼭짓점의 수		

오일러의 다면체 공식

$V-E+F=2$

V=꼭짓점의 수, E=모서리의 수, F=면의 수

1751년 스위스 수학자이자 물리학자인 오일러는 볼록한 다면체(평평한 면과 직선 변을 가진 물체)는 꼭짓점의 수를 V, 모서리의 수를 E, 면의 수를 F로 놓았을 때 $V-E+F=2$를 만족한다는 사실을 발견했어요. 이것이 바로 오일러의 다면체 공식으로, 도형과 그 관계를 연구하는 위상수학 분야에서 많은 연구가 이루어졌습니다. 이에 따라 볼록한 다면체뿐만 아니라 눈에 보이지 않는 고차원의 도형에까지 일반화되어 고차원 도형을 이해하는 데 많은 도움이 되고 있습니다.

4 정사면체 각 모서리의 가운데 점을 이으면 새로운 입체도형을 발견할 수 있습니다. 점을 이어 그림을 그려 보고, 이 입체도형이 무엇인지 발견해 보세요.

5 다음은 정팔면체의 전개도입니다. 서로 마주 보는 면에 같은 무늬가 있도록 전개도의 빈 곳에 알맞은 무늬를 그려 보세요.

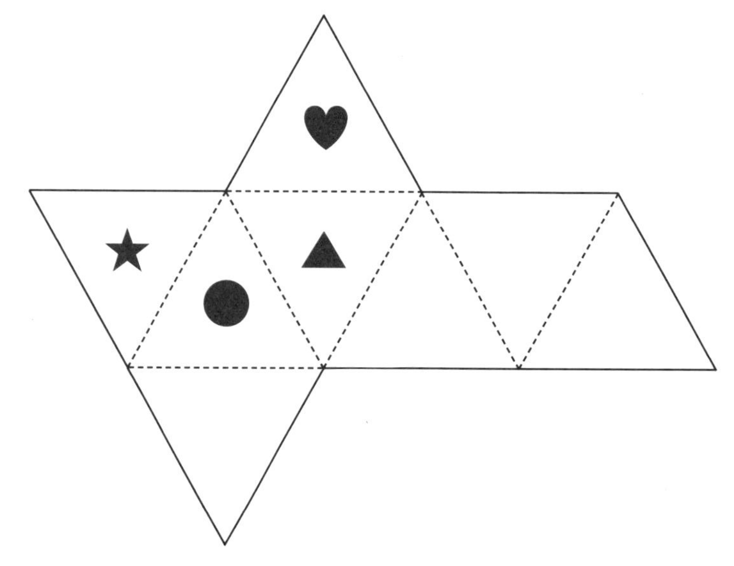

6 다음은 하나의 정육면체를 여러 방향에서 본 것입니다. 물음표에 올 수 있는 모양은 어느 것인가요?

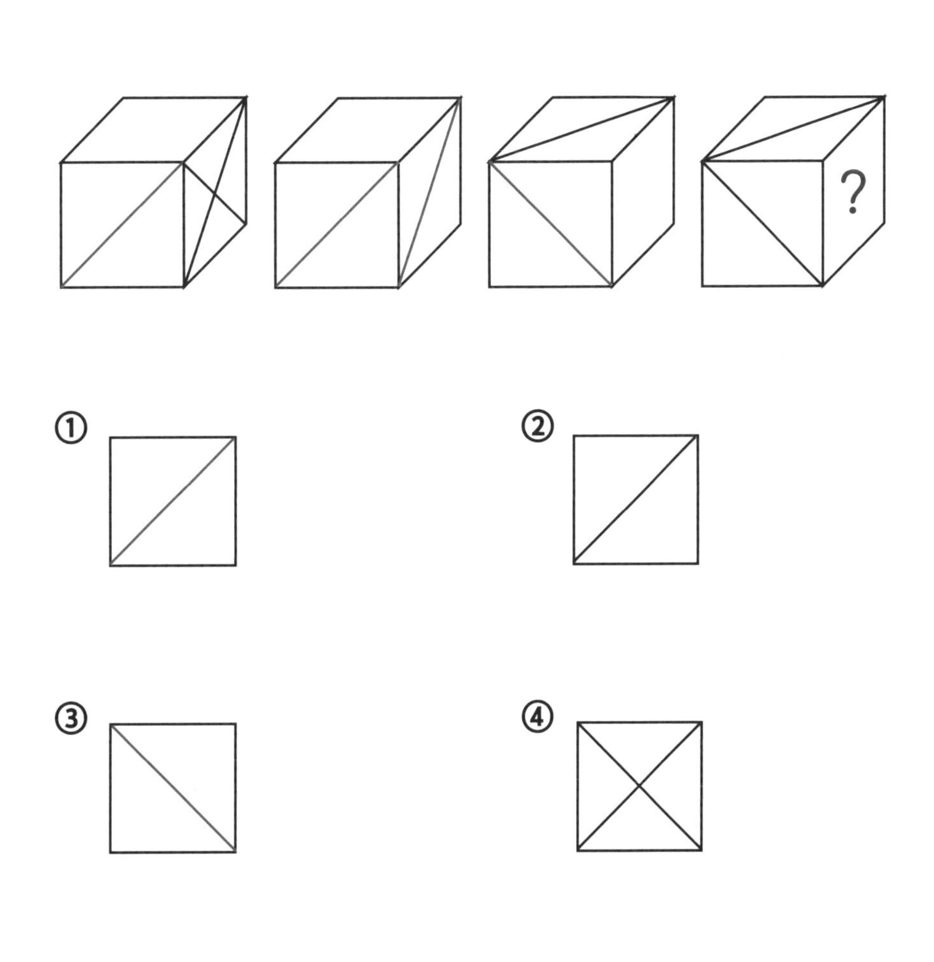

4 회전체

읽어 보기

제비 알과 원뿔

제비 알

사진 속의 알은 제비 알입니다. 달걀보다 한쪽이 더 길쭉하고 뾰족하게 생겼죠. 실제로 절벽의 바위틈에 사는 새들은 원뿔 모양의 알을 낳습니다. 어째서 그럴까요?

만약 알이 각이 졌다면 어미가 알을 품기 너무 불편하고 힘들 것입니다. 또 모서리끼리 부딪쳐 깨질 위험도 높아지죠. 알이 반대로 원기둥 모양이거나 사방이 모두 동글게 생겼다면 어떨까요? 어미가 실수라도 하면 계속 굴러가다 밑으로 쉽게 굴러 떨어질 것입니다. 새알이 원뿔 모양으로 생긴 것에는 특별한 뜻이 있습니다. 원뿔은 뾰족한 끝점, 즉 꼭짓점 주위를 원을 그리며 돕니다. 새알을 굴려 보면 새알은 꼭짓점을 중심으로 둥글게 돌 뿐 둥지 아래로 굴러떨어지지 않습니다. 그리고 이런 모양은 알과 알 사이의 공간, 빈틈을 적게 하여 열 손실이 줄어드는 효과도 있어요. 즉, 새알이 원뿔 모양인 이유는 실용적인 측면과 안전 대책을 고려한 끝에 만들어진 것입니다. 자연의 신비라고밖에 설명이 되지 않을 듯합니다.

우리 주변에는 생각보다 원뿔 모양인 것들이 많습니다. 예를 들어 와인병의 아랫부분을 보면 원뿔 모양으로 들어가 있어요. 이유는 와인이 병 속에 오래 머물면 침전물이 생기는데 이것을 가라앉혀서 마실 때 딸려 나오지 않도록 하기 위해서랍니다. 또한 아랫부분을 원뿔 모양으로 만들면 병이 더 단단해지고 균형도 더 잘 잡힌다고 해요.

와인병

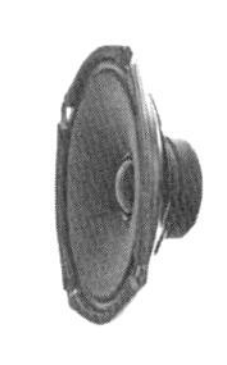

스피커

스피커의 진동판도 원뿔 모양입니다. 종이를 말아 확성기처럼 원뿔 모양으로 만들어서 소리를 내 보세요. 소리의 진동을 훨씬 잘 전달하게 만들어 주기 때문에 더 멀리 있는 사람에게도 전달이 된답니다.

정답 10쪽

생각해 보기

1 다음 상자 속에 들어 있는 회전체의 모양은 어떤 모양일까요? 평면으로 자른 방향에 따른 단면들을 단서로 알아맞혀 보세요.

자른 방향	단면의 모양	자른 방향	단면의 모양

→ 내가 생각하는 상자 속의 회전체는 어떤 모양입니까? 겨냥도를 그려 보세요.

2 각각의 입체도형들을 위, 앞, 옆에서 본 모양을 그려 보세요.

	위	앞	옆

3 다음 위, 앞, 옆에서 본 모양을 보고, 입체도형의 겨냥도를 그려 보세요.

위	앞	옆	겨냥도

4 다음 각 평면도형을 회전축을 중심으로 하여 1회전 시켰을 때 만들어지는 입체도형을 생각하여 겨냥도를 그려 보세요.

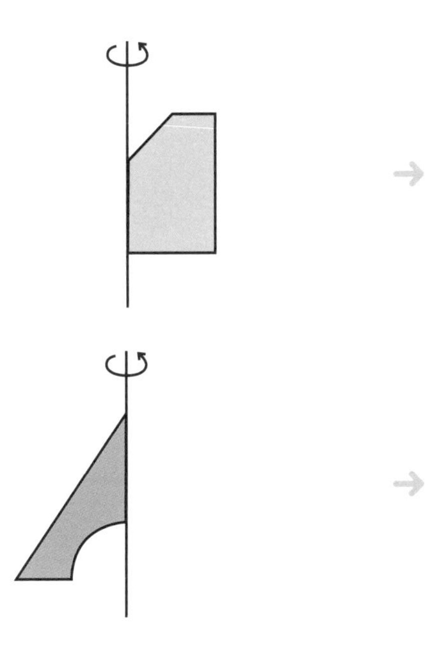

5 다음 회전체들은 어떤 평면도형을 회전축을 중심으로 1회전하여 얻은 것일까요? 회전시킨 평면도형을 회전축과 함께 그려 보세요.

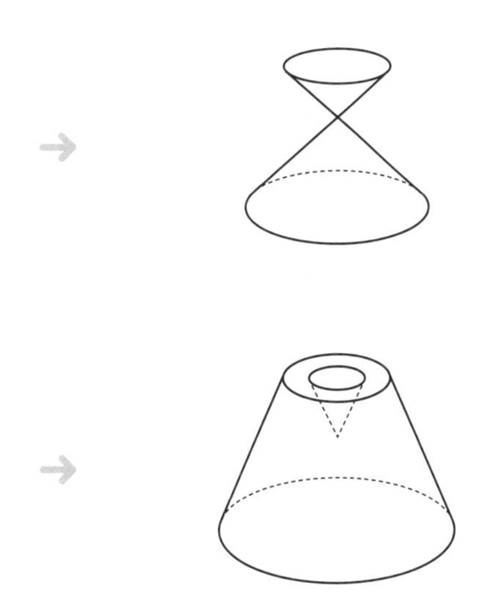

자기 닮음

읽어 보기

'프랙탈'이라는 단어를 들어본 적 있나요? 프랙탈 구조는 프랑스의 수학자 만델브로가 1975년 라틴어 'frangere(깨뜨리다)'로부터 만들어낸 단어입니다. 만델브로는 자연에서 발견되는 복잡한 대상을 표현하는 데 있어서 유클리드 기하는 충분하지 않다고 생각했고, 새로운 접근 방법의 필요성을 느껴 프랙탈이라는 개념을 소개하였습니다.

• 프랙탈: 부분과 전체가 같은 모양을 갖는 자기 유사성 개념을 기하학적으로 설명한 구조

프랙탈은 해안선의 구조, 구름의 모습, 단풍잎, 지진의 분포, 고사리 잎의 모습, 은하계의 분포, 달의 분화구, 혈관 조직, 뇌 조직, 신경 조직, 인간의 순환기, 양치류, 인구 동향 등 자연 속에서 쉽게 발견할 수 있답니다. 특히 미술 작품이나 우리가 사용하는 카펫이나 접시 등에서도 프랙탈 구조는 활발히 이용되고 있어요. 인간이 만든 프랙탈 구조의 대표적인 형태로는 시어핀스키 삼각형, 시어핀스키 카펫, 페아노 곡선, 코흐 곡선, 코흐 눈송이 등을 들 수 있습니다.

모양은 같고 크기가 다른 것을 '닮음'이라고 하고, 그렇게 닮은 두 도형을 **닮은 도형**이라고 합니다. **프랙탈은 부분의 모습이 전체의 모양을 닮았기 때문에 자기 닮음 도형**이라고도 부릅니다.

은하계

브로콜리

번개

자연 속 프랙탈

그럼 처음 만델브로가 프랙탈 구조를 창시했을 때부터 매우 유명했을까요? 많은 유명 과학자들이 처음 무엇인가를 발견했을 때 인정받지 못했던 것처럼 그 당시에는 유클리드 기하학만이 절대적이었습니다. 프랙탈 기하학은 매우 이상한 대상으로 취급되어 '괴물 곡선'이라고 불리었고, 수학이나 과학에서 중요하지 않은 부분으로 여겨졌지요.

하지만 컴퓨터의 발달과 함께 오늘날에는 수학에서는 물론 물리, 생물, 화학, 기상학, 의학, 컴퓨터 과학, 카오스 현상의 연구 등 여러 분야에서 활발히 프랙탈 구조가 이용되고 있습니다.

정답 11쪽

생각해 보기

1 다음과 같은 과정으로 3단계까지 시어핀스키 삼각형을 그려 보세요.

① 정삼각형 1개를 그린다. (0단계)

② 정삼각형의 각 변을 정확히 둘로 나누는 점들을 연결하여 4개의 작은 정삼각형을 만든 후, 그중 가운데 정삼각형을 버린다. (1단계)

③ 전 단계에서 남은 작은 정삼각형들에 대해 ②의 과정을 반복한다. (2단계 이상)

거듭제곱이란?

같은 수나 같은 문자를 여러 번 곱한 것을 간단히 나타낸 것입니다.

| 예시 | $3\times3\times3\times3=3^4$

3을 4번 곱한 식을 간단하게 3^4으로 나타낼 수 있습니다.

2 다음 표를 완성하면서 시어핀스키 삼각형의 특징을 알아봅시다. (거듭제곱과 수식을 이용하여 작성합니다.)

단계 \ 개수	남은 정삼각형 (색칠된 정삼각형)	해당 단계에서 제거된 정삼각형	제거된 정삼각형의 총 수
0	1	0	0
1	3		
2	3^2		1+3 = 4
3			
4			

3 0단계 정삼각형의 한 변의 길이를 1이라고 할 때, 다음 표를 완성하세요. (거듭제곱과 수식을 이용하여 작성합니다.)

단계 \ 길이	색칠된 정삼각형 한 변의 길이	색칠된 정삼각형 전체 둘레의 길이
0	1	3
1		
2		$\left(\frac{3}{2}\right)^2 \times 3 = \frac{27}{4}$
3		
4		

4 0단계에서 색칠된 정삼각형 한 개의 넓이를 1이라고 할 때, 다음 표를 완성하시오. (거듭제곱과 수식을 이용하여 작성합니다.)

단계 \ 넓이	색칠된 정삼각형 한 개의 넓이	색칠된 정삼각형 전체의 넓이
0	1	1
1		
2		
3		
4		

정답 11쪽

5 규칙을 발견하여 〈5단계〉 시어핀스키 삼각형의 색칠된 부분의 둘레의 길이와 넓이를 구해 보세요.

> 시어핀스키 삼각형을 만드는 과정을 계속해서 반복하면
> 색칠된 삼각형의 둘레의 길이와 넓이는 어떻게 될지 생각해 보세요!

6 다음 그림은 코흐 눈송이의 0단계부터 4단계까지 그리는 과정입니다.

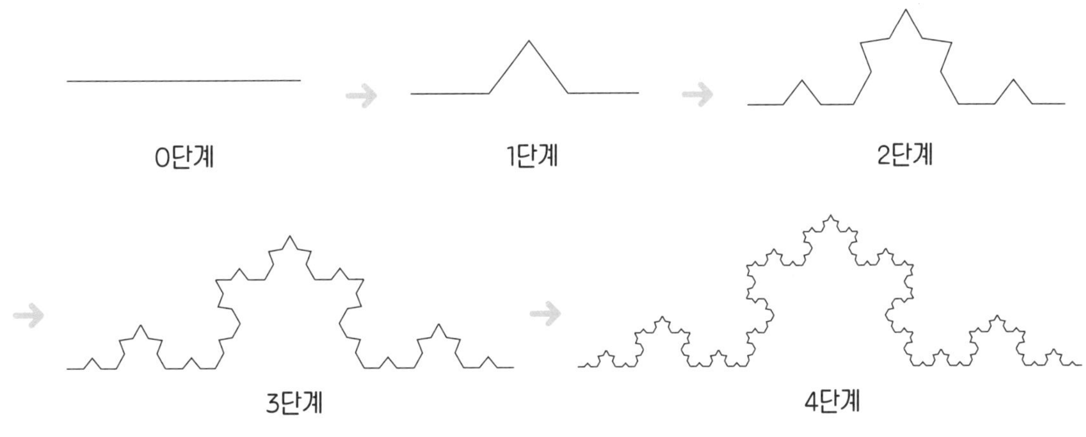

위와 같이 코흐 눈송이를 그리기 위한 과정을 단계에 따라 설명해 봅시다.

프랙탈 카드

아래 그림들은 평면 프랙탈 도형에 속하는 시어핀스키 삼각형과 시어핀스키 카펫입니다.

시어핀스키 삼각형

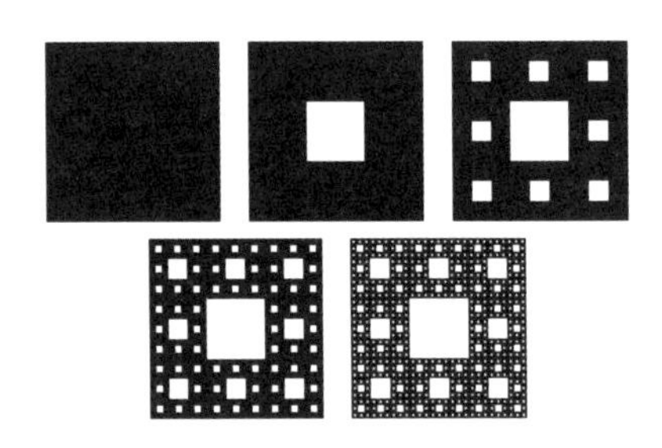

시어핀스키 카펫

아래 사진의 아름다운 건축물은 인도의 비루팍샤 사원입니다. 같은 문양의 조각물이 일정한 비율로 점점 크기가 작아지며 반복되고 있어요. 일종의 입체 프랙탈 건축물이라고도 할 수 있습니다.

★ 여러분도 직접 입체 프랙탈을 만들어 볼 수 있습니다.
부록의 프랙탈 카드 전개도를 이용하여 입체 프랙탈 카드를 만들어 보세요.
(부록: 프랙탈 카드)

스캔해 보세요!

입체 프랙탈 도형의 대표적인 예시로는 '시어핀스키 삼각형'과 '시어핀스키 카펫'을 입체도형으로 만든 것처럼 생각해 볼 수 있는 '시어핀스키 피라미드'와 '멩거 스펀지'를 생각해 볼 수 있습니다.

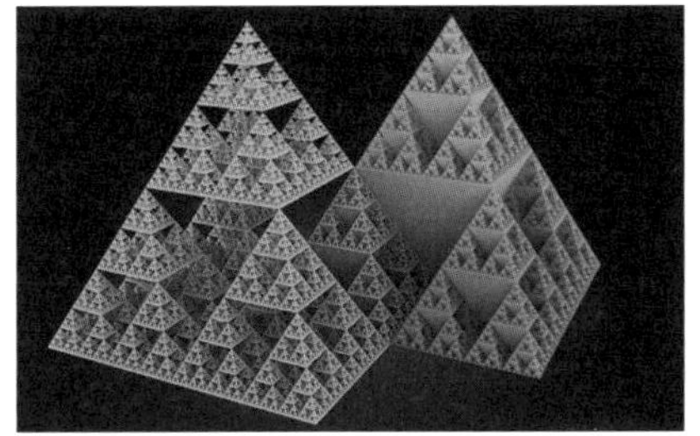

시어핀스키 피라미드

멩거 스펀지

멩거 스펀지를 만드는 방법은 다음과 같아요.

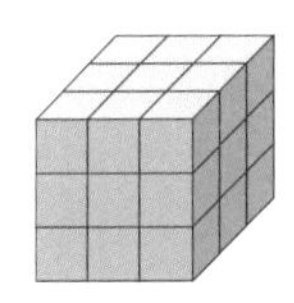

정육면체

① 정육면체를 27개의 작은 정육면체로 나눈다.

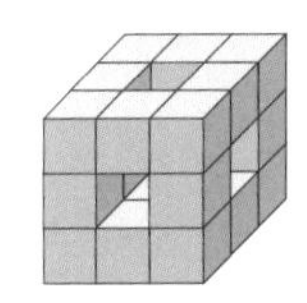

1단계 멩거 스펀지

② 나누어진 정육면체들 중 중앙의 정육면체 한 개와 각 면의 중앙에 있는 정육면체 6개를 빼낸다.

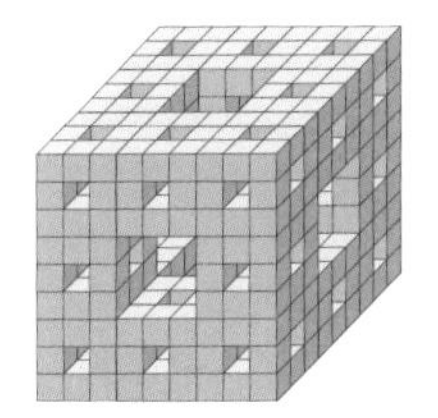

2단계 멩거 스펀지

③ 1단계 멩거 스펀지에 남아있는 각각의 정육면체를 다시 27조각으로 나눈 뒤 ②의 과정을 반복하면 2단계 멩거 스펀지가 된다.

• 멩거 스펀지

1분 동안 멩거 스펀지의 단위 입체가 무한히 반복되는 영상입니다.

→ 주소 https://www.youtube.com/watch?v=fYm2LS8Mtl0

스캔해 보세요!

3 규칙과 추론

1 피라미드의 높이

2 지도의 비율, 축척

3 안정적인 아름다움, 황금비

4 하노이의 탑

5 파스칼의 삼각형

6 피보나치 수열과 황금 나선

수학 산책 레오나르도 다빈치도 '비율'을 중시했어요!

피라미드의 높이

읽어 보기

탈레스와 피라미드

탈레스
(기원전 약 624~546)

약 2500년 전, 고대 그리스의 밀레토스라는 도시에서 오늘날 수학의 선구자로 일컬어지는 **탈레스**가 등장합니다. '왜'라는 질문을 중요하게 생각했던 탈레스는 무엇을 아느냐가 아닌 '어떻게' 아느냐를 강조했어요. 그 과정에서 수많은 수학적 성질 규칙을 찾아내어 논리적으로 증명해냈고, 이러한 증명법 수학의 기본이 되었습니다.

천문학과 수학, 과학에 많은 관심을 가졌던 탈레스는 이집트와 바빌로니아 등 당시 수준 높은 학문의 도시로 여행을 다니면서 수학의 정리를 증명했고 당시 그리스에서는 가장 뛰어난 현인 7명 중 한 명으로 탈레스를 선정했습니다. 탈레스의 명성이 높아지면서 많은 학자들은 탈레스와 이야기하기를 원했어요. 그러던 중, 이집트의 파라오였던 아모세 1세는 오늘날 세계 7대 불가사의 중 하나인 쿠푸왕의 대피라미드의 높이를 구하는 것을 탈레스에게 요청했습니다.

탈레스는 태양 광선이 평행하게 들어온다는 사실을 바탕으로 **닮음**과 **비례**를 이용하여 막대기 하나로 이 거대한 피라미드의 높이를 계산했습니다. 아래 그림에서처럼 피라미드의 그림자의 길이와 막대의 그림자의 길이, 그리고 막대의 길이를 재어 피라미드의 높이를 구하는 '비례식'을 이용했어요.

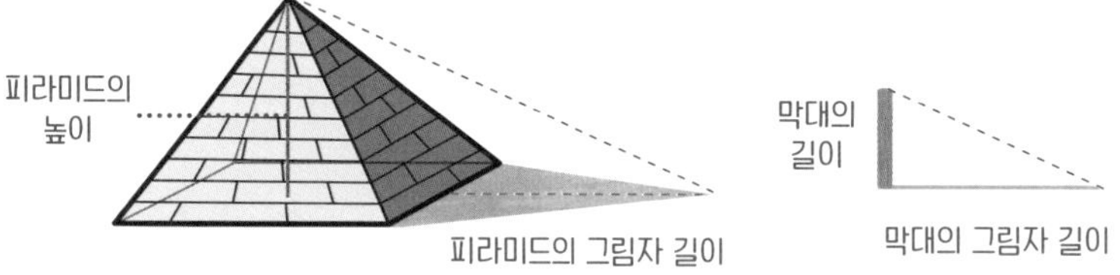

피라미드의 높이 : 피라미드의 그림자 길이 = 막대의 길이 : 막대의 그림자 길이

$$\text{피라미드의 높이} = \frac{\text{피라미드의 그림자 길이} \times \text{막대의 길이}}{\text{막대의 그림자 길이}}$$

탈레스가 그림과 같이 막대를 이용하여 계산한 피라미드의 높이는 144.6m입니다. 놀랍게도 이것은 오늘날 사람들이 실제로 측정했을 때의 결과인 146.6m와 단 2m밖에 차이가 나지 않을 정도로 거의 정확한 수치랍니다. 세계 7대 불가사의에 뽑힐 정도로 신비롭고 거대한 고대 건축물인 쿠푸왕의 대피라미드의 높이를 고작 막대 하나로 구했던 것입니다. '닮음'과 '비례'라는 수학적 원리를 이렇게 이용할 생각을 해 낸 탈레스는 정말 '생각하는 방법'의 귀재였나 봅니다.

정답 12쪽

생각해 보기

1 2016년에 완공된 롯데월드타워는 지하 6층, 지상 123층으로 우리나라에서 가장 높은 건물이자 세계에서는 5번째로 높은 건물입니다. 오후 1시에 다음과 같이 그림자가 생겼을 때 롯데월드타워의 높이를 계산해 보세요.

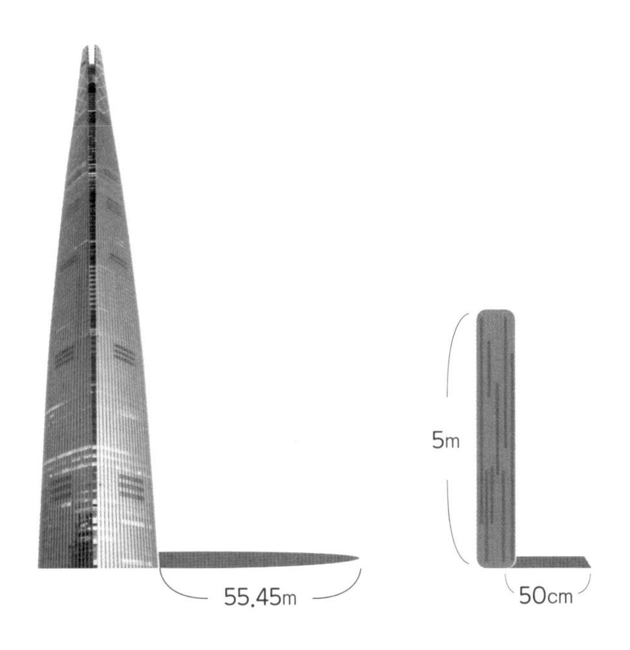

2 아래 삼각형은 정삼각형 ABC에서 출발한 부분과 전체가 같은 모양을 갖는 자기 닮음 도형인 시어핀스키 삼각형입니다. △ABC와 △DEF의 한 선분의 길이의 비와 넓이의 비를 각각 구해 보세요.

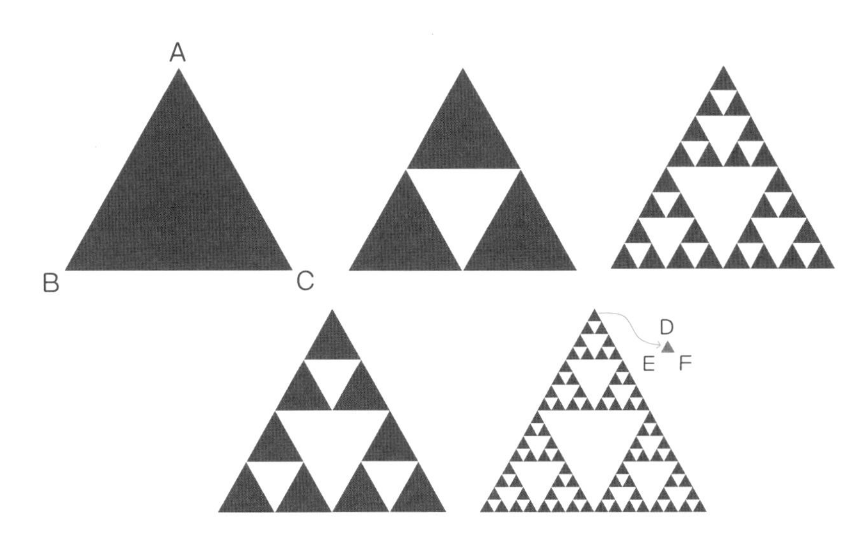

3 한 개에 1,200원이던 아이스크림이 1,500원으로, 한 상자에 2,400원이던 과자가 2,800원으로 가격이 상승하였습니다. 아이스크림과 과자 중 어느 것의 가격이 더 큰 비율로 상승했는지 알아보세요.

1,200원 → 1,500원

2,400원 → 2,800원

4 맛있는 떡볶이를 만들어 보려 합니다. 인터넷에서 떡볶이 레시피를 검색해 보고 재료를 준비한 후 요리를 시작했습니다.

- 떡볶이 양념장 준비물: 고추장 3 큰 술, 춘장 1 큰 술, 흑설탕 1 큰 술, 고춧가루 1 큰 술, 맛술 50mL, 오렌지주스 200mL, 쌀엿 50mL
- 양념장을 만든 후 육수 500mL에 만들어진 양념장을 풀어준 후, 양배추, 양파, 어묵, 떡을 취향껏 넣고 끓인다.

육수를 1이라고 했을 때, 육수 : 오렌지주스 : 쌀엿 : 맛술의 비율은 어떻게 되는지 구해 보세요.

정답 12쪽

5 타율은 안타수를 타수로 나누어 계산한 값입니다. 타율은 야구에서 타자를 평가하는 기준 중 하나로, 1에 가까울수록 좋은 기록입니다.

선수	타수	안타수	타율
이정후	93		0.333
황재균		28	0.298
한동희	86	36	

❶ 위 표는 이번 시즌 어제까지의 야구 선수 3명의 성적이 기록된 표입니다. 빈칸에 알맞은 수를 넣으세요. (단, 타율은 반올림하여 소수 셋째 자리까지 나타냅니다.)

❷ 한동희 선수가 오늘 경기에서 5타수 4안타를 기록한다면 오늘까지의 한동희 선수의 타수는 91, 안타수는 40이 됩니다. 이정후 선수가 오늘 경기에서 4타수 2안타를 기록한다면, 오늘까지의 이정후 선수의 타율은 얼마가 되는지 소수로 나타내어 보세요. (단, 타율은 반올림하여 소수 셋째 자리까지 나타냅니다.)

❸ 한동희 선수가 오늘 6타수 (　　　)안타수를 기록했더니 타율이 4할2푼4리로 올라왔습니다. 몇 안타수를 기록했나요?

- 할푼리: 비율을 소수로 나타내었을 때 소수 첫째 자리 숫자를 '할', 둘째 자리 숫자를 '푼', 셋째 자리 숫자를 '리'라고 합니다.

할푼리
0.3|5|7 → 3할5푼7리

2 지도의 비율, 축척

읽어 보기

'축척'을 알아야 지도를 정확히 해석할 수 있어요!

제품을 만드는 디자이너, 건물을 설계하는 건축 설계사들은 실제로 제품이나 건물을 만들기 전에, 큰 물체를 작게 줄여 그리거나, 반대로 매우 작은 물체는 실제보다 크게 그려 보는 과정을 거친답니다.

어떤 건물이나 물건, 지역 등을 작게 줄이거나 또는 크게 그릴 때, 그 길이의 비율을 **척도**라고 해요. 척도는 실척, 축척, 배척 3가지로 구분되는데 a:b 또는 $\frac{a}{b}$로 나타냅니다. 실척은 실물과 똑같은 크기로 그리는 척도이므로 1:1로 나타내요. 배척은 보석 디자인처럼 실물보다 크게 그리는 척도예요. 크기가 작은 물건이나 복잡한 부품을 그릴 때 주로 이용합니다. 2:1$\left(\frac{2}{1}\right)$, 5:1$\left(\frac{5}{1}\right)$…과 같이 나타냅니다. 마지막으로 **축척**은 건출 설계나 지도처럼 **실물보다 작게 그리는 척도**랍니다. 1:2$\left(\frac{1}{2}\right)$, 1:10$\left(\frac{1}{10}\right)$, 1:500$\left(\frac{1}{500}\right)$ 등과 같이 나타냅니다. a:b에서 b가 작은 수일수록 좁은 지역이 자세하게 그려진 지도가 되는 것이랍니다.

우리나라에서 손꼽히는 지도는 역시나 '대동여지도'이겠죠? 1861년 김정호가 제작한 전국 지도첩인 대동여지도는 세로 6.7m, 가로 3.8m, 총 22첩으로 이루어져 있으며 현존하는 우리나라 전국 지도 중 가장 큰 지도랍니다. 크기가 크다 보니 지도 속 거리를 구체적으로 표기가 가능했습니다. 대동여지도의 축척은 얼마였을까요?

대동여지도

정답 13쪽

1 다음의 축척을 가진 지도에서 1cm가 의미하는 실제 거리를 구해 보세요.

축척	실제 거리 (m)
1 : 25,000	
$\frac{1}{10,000}$	
1 : 500	
$\frac{1}{50,000}$	

1cm

2 대동여지도는 22첩으로 만들어졌으며, 각 첩은 동서(폭) 80리(약 32km), 남북(높이) 120리(약 48km)로 구분하여 접고 펼칠 수 있게 구성되었습니다. 김정호는 축척 대신 각 첩을 가로 8눈금, 세로 12눈금으로 나누고 ⟍ 정사각형 한 칸에서 가로와 세로는 10리로, 대각선은 14리로 축척을 표기했습니다. 그리고 한 첩의 실제 크기는 폭 20cm, 높이 30cm라고 합니다. 대동여지도의 축척을 구해 보세요. (1리=약 0.4km)

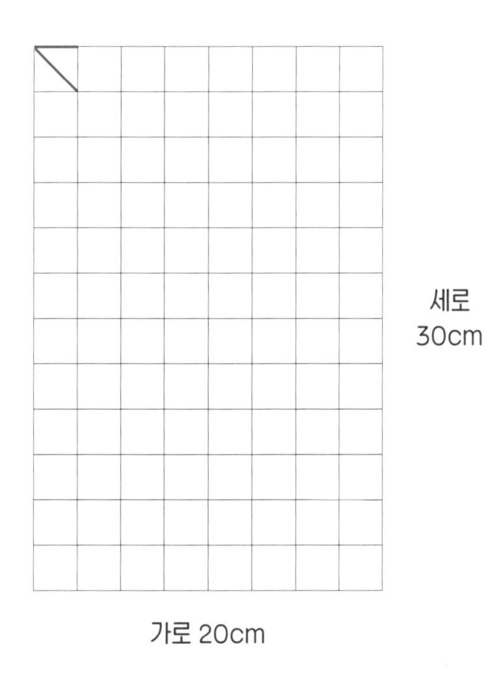

생각해 보기

3 아래 지도는 서울특별시 종로구 광화문역 근방의 지도입니다. 지도를 보고 물음에 답해 보세요. 지도에 표시된 선은 걸어서 가장 가까운 거리를 표시한 선입니다. (준비물: 자)

1 위 지도는 100m 의 축척이 적용되었습니다. 즉 '1cm=100m'로 축소된 것입니다. 그렇다면 지도상의 거리와 실제 거리의 비는 어떠한지 구해 보세요.

❷ 광화문부터 덕수궁까지 걸어오려 합니다. 광화문부터 덕수궁까지의 거리를 지도에서 자로 재 보면 몇cm인가요?

❸ 광화문부터 덕수궁까지 걸어야 하는 실제 거리는 몇 km인가요?

❹ 평소에 1시간에 3km의 속력으로 걷는다면, 광화문에서 덕수궁까지 걸었을 때 걸리는 시간은 몇 분인지 계산해 보세요.

❺ 혜미는 현재 5호선 광화문역 2번 출구 앞에 있습니다. 집에 가려면 1호선이나 3호선 지하철을 타야 해서 지도를 보니 1호선 종각역과 3호선 경복궁역이 근처에 있습니다. 둘 중 어느 역으로 걸어가야 더 적게 걸을 수 있을까요? 그리고 약 몇 m를 적게 걷는 것일까요?

안정적인 아름다움, 황금비

읽어 보기

다음 5개의 직사각형 중에서 어떤 것이 가장 안정적으로 보이는지 골라 보세요!

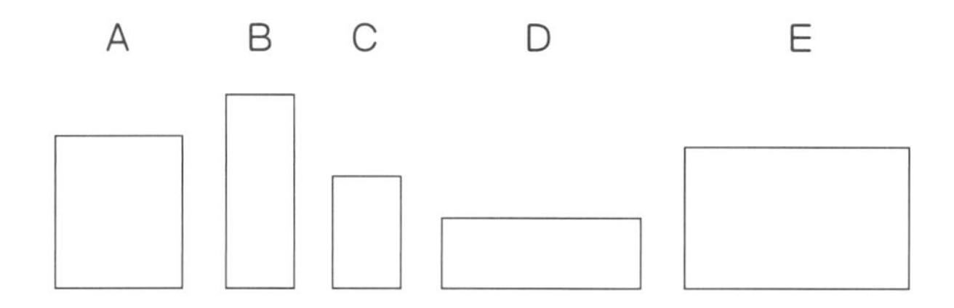

실험에 의하면, 사람들에게 무작위로 위와 같은 여러 가지의 직사각형 모양을 보여 주고, 그 중에서 가장 안정적으로 느껴지거나 눈길이 계속 가는 직사각형을 선택하라고 하면 문화, 인종, 성별, 나이에 관계없이 70% 이상이 E 사각형을 선택했다고 해요.

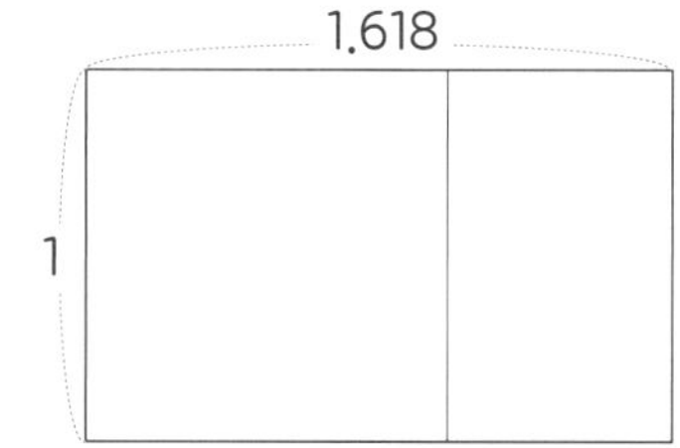

E 직사각형이 단순하게 '안정적'이게 보여서만은 아니랍니다. 이 직사각형은 **세로의 길이:가로의 길이**= 1 : 1.618, 즉 **'황금비'**의 비율로 그려졌는데, 황금비는 안정감뿐만 아니라 '아름다움', 즉 미(美)를 느끼게 하는 아주 신비한 비율이에요.

도형수를 공부할 때 등장했던 피타고라스학파가 기억나시나요? 그리스의 피타고라스학파는 만물의 근원을 '수'로 믿었고, 자연 속에 숨은 아름다움의 원리를 하나의 수치나 도형으로 표현하기 위해 많은 노력을 했습니다. 그 결과로 발견해 낸 것이 바로 황금비입니다. 그리고 이 황금비가 적용된 정오각형 모양의 별을 피타고라스학파의 상징으로 삼았어요.

황금비를 수학적으로 명확히 정의한 사람은 기원전 300년 그리스 수학자 유클리드(기원전 330~275)입니다. 유클리드는 자신의 저서인 '기하학원론'에서 황금비를 다음과 같이 정의했어요.

황금비 $\overline{AB}:\overline{AC}=\overline{AC}:\overline{BC}$ 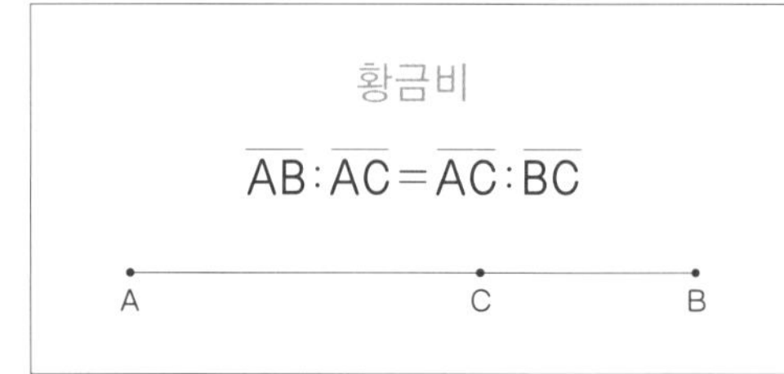 	어떤 직선을 둘로 나누었을 때 직선 전체(AB)와 긴 선분(AC)의 비가 긴 선분(AC)과 짧은 선분(BC)의 비와 같을 때 이 직선은 황금비에 따라 분할되었다고 한다.

황금비는 역사적 건축물과 예술 작품에서도 찾아볼 수 있어요. 그리스 파르테논신전의 높이와 폭의 비는 약 1:1.618로 황금비에 가깝고, 밀로의 비너스상에도 여러 부분에 황금비가 담겨 있습니다. 상반신만 놓고 보면 머리끝에서 목까지, 목에서 배꼽까지의 비가 각각 황금비이며 하반신에서도 발끝부터 무릎, 무릎부터 배꼽까지의 길이의 비가 황금비를 이룬답니다.

파르테논신전과 밀로의 비너스에 적용된 황금비

오늘날 우리 주변에서 황금비는 아주 흔하게 찾아볼 수 있습니다. 액자, 창문, 책, 신용카드 등의 가로, 세로 비율 등에 황금비가 적용되어 있어요. 신용카드의 비율을 예로 들자면, 신용카드의 가로는 8.6cm, 세로는 5.35cm로 이 둘의 비율은 $\frac{8.6}{5.35}$, 약 1:1.6으로 황금비에 의해 제작되었다는 사실을 보여 주고 있어요.

신용카드에서 황금비를 찾아보아요!

• 주먹도끼에 나타난 황금비

황금비에 관한 영상을 보며 더 알아봅시다.

→ 주소 https://www.youtube.com/watch?v=lWzL7xITSwg

스캔해 보세요!

생각해 보기

1 아테네의 아크로폴리스 언덕에 있는 파르테논 신전은 주어진 직사각형의 가로와 세로의 비가 황금비를 따르는 것으로 알려져 있습니다. 높이가 19.02m일 때, 앞면 폭의 길이는 얼마나 되는지 구해 봅시다. (황금비는 1.6으로 계산합니다.)

2 '몬드리안'은 아래와 같은 사각형 그림을 그린 작품들로 유명한 화가입니다. 이 작품에도 황금비가 숨어 있습니다. 자를 이용하여 가로와 세로의 길이가 황금비를 이루는 사각형들을 찾아 표시해 보세요. (측정할 때 미세한 차이가 발생할 수 있으니 1.5~1.7 사이의 비율을 모두 황금비로 인정하고 찾아봅니다.) (준비물: 자)

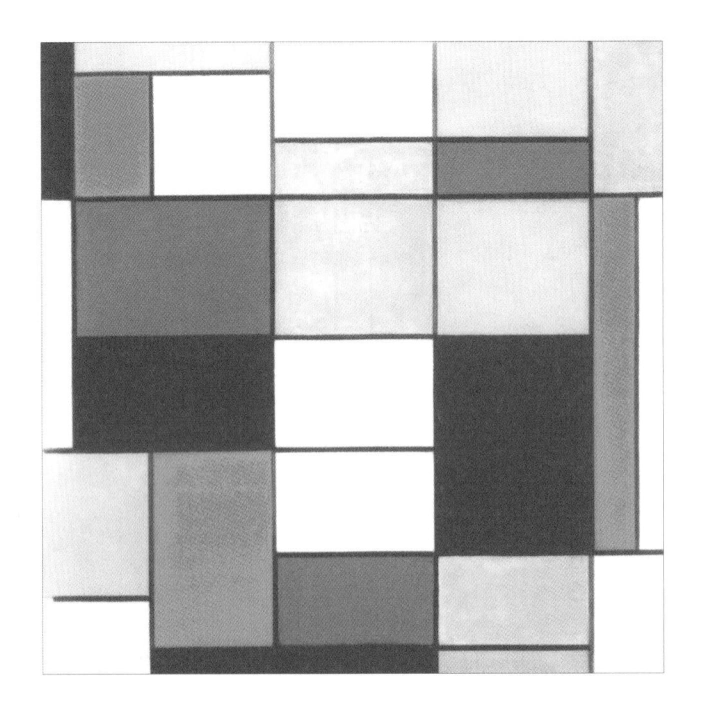

정답 14쪽

3 다음은 피타고라스학파의 상징이었던 정오각형 모양의 별입니다. 각 선분의 길이들을 자로 잰 후 길이의 비를 알아봅시다. (준비물: 자, 계산기)

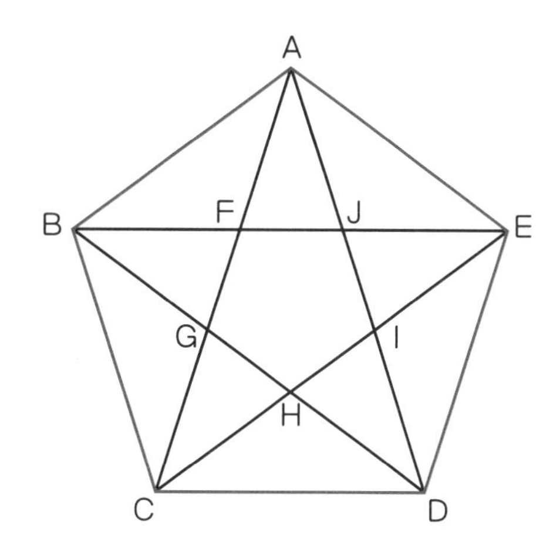

❶ 선분 FJ의 길이를 1이라고 할 때, 선분 AF와 비를 계산기를 이용하여 구해 보세요.

선분 FJ와 선분 AF의 길이의 비 = ☐ : ☐

❷ 앞의 ❶에서 두 선분은 황금비를 이루고 있음을 알 수 있습니다. 같은 방법으로 위 정오각형 모양의 별에서 황금비를 이루고 있는 선분의 짝을 찾으세요.

1) 선분 ☐ 와 선분 ☐ 의 길이의 비 = ☐ : ☐

2) 선분 ☐ 와 선분 ☐ 의 길이의 비 = ☐ : ☐

3) 선분 ☐ 와 선분 ☐ 의 길이의 비 = ☐ : ☐

4) 선분 ☐ 와 선분 ☐ 의 길이의 비 = ☐ : ☐

5) 선분 ☐ 와 선분 ☐ 의 길이의 비 = ☐ : ☐

6) 선분 ☐ 와 선분 ☐ 의 길이의 비 = ☐ : ☐

4 지금까지 남아 있는 유물 중 황금비를 발견할 수 있는 가장 오래된 예는 약 5천 년 전 건설된 피라미드입니다. 아래 글을 읽고 쿠푸왕의 피라미드 속에 숨어 있는 황금비를 찾아봅시다.

쿠푸왕의 피라미드

쿠푸왕의 피라미드는 카이로 근교 기자에 위치한 최대 규모의 피라미드이다. 이것은 대피라미드 또는 제 1 피라미드라 불리며, 높이 280 로열큐빗 (약 146m), 밑변의 길이가 440 로열큐빗이다. 각 능선은 동서남북을 가리키고 있으며 평균 2.5t의 돌을 230만개나 쌓아 올렸다.

(로열큐빗: 이집트의 길이 단위, 1 로열큐빗은 0.524m)

• 로열큐빗이란?

로열큐빗에 대해 영상을 보며 더 알아봅시다.

→ 주소 https://www.youtube.com/watch?v=k8GRGQjqvSc

스캔해 보세요!

❶ 쿠푸왕의 피라미드를 간단하게 표현한 그림에서 선분 간의 황금비를 찾아보세요.

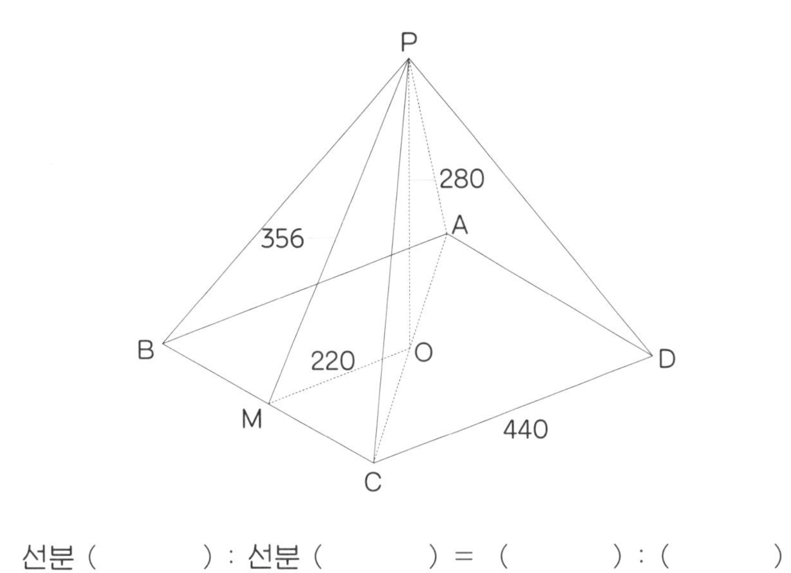

선분 (　　　) : 선분 (　　　) = (　　　) : (　　　)

❷ 위 피라미드에서 사각형 모양의 바닥의 넓이에 대한 삼각형 모양의 옆면 4개의 넓이를 더한 값이 어떤 비율을 가지는지 계산기를 사용하여 구해 보세요. (준비물: 계산기)

사각형의 넓이 (■)	
삼각형의 넓이×4 (▲×4)	
■ : ▲ X 4 = (　　) : (　　)	

하노이의 탑

읽어 보기

탑을 모두 옮기면 지구 종말이 온다고?
하노이의 탑의 전설!

인도 갠지스강 유역의 베나레스에 있는 브라만교 대사원의 하노이의 탑에는 다음과 같은 전설이 있답니다. 이 사원에는 세 개의 다이아몬드 기둥이 있는데, 신이 세상을 창조할 때 64개의 순금 원판을 이 기둥 중 하나에 쌓아 놓았어요. 이 원판들은 크기가 모두 다른데, 크기가 큰 것이 아래에 놓이고 작은 것이 위에 놓이도록 차례로 쌓여 있었습니다.

신은 승려들에게 두 가지 원칙을 지키면서 원판을 마지막 기둥으로 모두 옮기도록 명령했습니다. 첫째는 **원판을 한 번에 한 개씩만 옮겨야 한다는 것**이고, 둘째는 **작은 원판 위에 큰 원판을 올려놓을 수 없다는 것**이었어요.

이렇게 64개의 원판이 모두 마지막 기둥으로 옮겨졌을 때 이 세상의 종말이 오게 된다고 했습니다. 세상의 종말을 위해 신의 명령을 따라야 하는 승려들의 입장이 꽤 난감했을 듯하네요. 다행히도 이 이야기는 프랑스의 수학자 에두아르 뤼카가 인도의 전설을 바탕으로 만든 수학 문제랍니다.

위의 두 가지 원칙을 지키며 원판을 옮겨야 하기 때문에 처음부터 64개의 원판으로 생각하기는 어려워요. 적은 개수의 원판으로 하노이의 탑을 옮기는 규칙을 찾아보도록 할게요.

하노이의 탑

정답 14쪽

생각해 보기

1 아래 프로그램을 통해 하노이의 탑의 원판을 직접 옮겨 보며 원판을 모두 옮기는 데 필요한 최소 이동 횟수를 찾아봅시다.

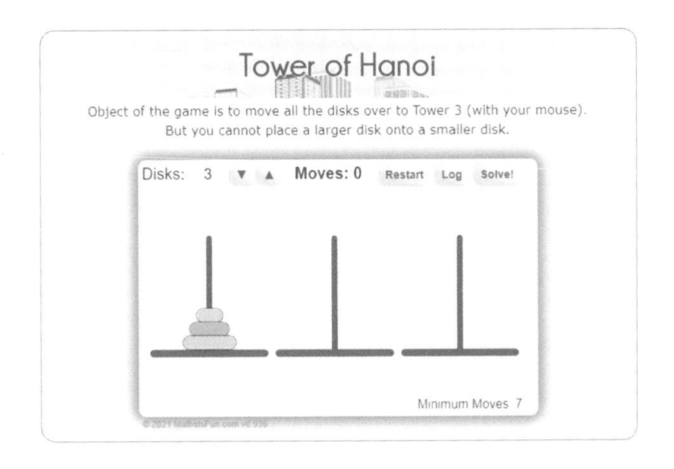

스캔해 보세요!

Disk는 원판을 뜻합니다. Disk의 수를 4, 5, 6으로 변경하며 하노이의 탑을 옮겨 봅니다.

❶ 아래 표를 완성해 봅시다.

원판의 수	1개	2개	3개	4개
최소 이동 횟수				

❷ 이동 횟수에서 어떤 규칙성을 찾을 수 있나요?

❸ 위에서 찾은 규칙을 이용하여 원판이 5개인 하노이의 탑의 최소 이동 횟수를 구해 보세요.

거듭제곱

2×2×2×2와 같이 반복되는 수의 곱셈식을 간단하게 표현하는 방법을 '거듭제곱'이라고 합니다.

- $2\times2\times2\times2=2^4$으로 표현합니다.
- 2^4에서 2처럼 밑에 크게 쓰는 수를 '밑', 4와 같이 오른쪽 위에 작게 쓰는 수를 '지수'라고 합니다.
- 2^2와 같이 지수가 2인 경우에는 '2의 제곱', 2^3과 같이 지수가 3인 경우에는 '2의 세제곱'이라고 읽습니다.
- 2^n인 경우에는 '2의 n제곱'이라고 읽고 n의 값에 관계없이 모두 '2의 거듭제곱'이라고 읽습니다.

2 거듭제곱을 이용하면 n개의 원판을 옮길 수 있는 수 규칙을 어떻게 식으로 정리할 수 있나요?

3 위 식을 이용하여 전설 속 하노이의 탑의 원판 64개를 모두 옮기기 위한 최소 이동 횟수를 적어보세요.

◆ 원판 1개를 옮기는 데 1초가 걸린다고 가정했을 때 64개 전부를 옮기려면 걸릴 지 답지에서 확인해 보세요.

4 하노이의 탑의 원판의 수에 따른 최소 이동 횟수를 그래프로 표현한다면 아래의 세 그래프 중 어떤 그래프로 표현될 것 같은지 예상해 보세요.

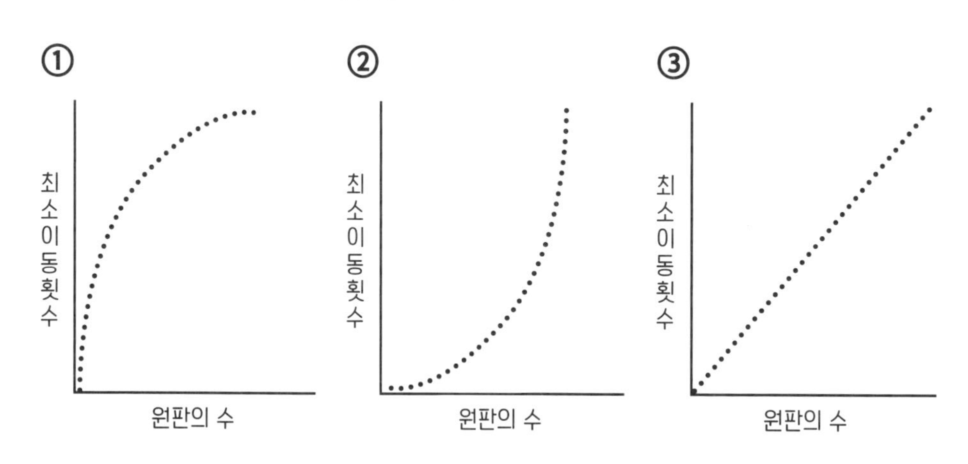

정답 14쪽

5 하노이의 탑의 원리를 알아낸 여러분에게 편지가 도착했습니다. 편지를 전달하는 데 하루가 걸린다면, 여러분을 포함하여 1000명 이상의 사람들이 이 편지를 받으려면 앞으로 며칠이 더 걸릴까요?

> 하노이의 탑의 비밀이 풀렸습니다! 전설에 따르면, 매우 오랜 시간 동안 지구는 멸망하지 않습니다. 이 메시지를 다른 두 명의 사람들에게도 보내 주세요.

6 다음 글을 읽고 50번을 접은 신문지의 두께를 구해 보세요. (거듭제곱을 이용하여 나타냅니다.)

'기하급수적으로 증가하는 코로나 확진자', '디지털 데이터가 기하급수적으로 증가', '배달 음식 수요가 기하급수적으로 증가'. 뉴스를 보다 보면 급속도로 증가한다는 뜻의 '기하급수적'이라는 표현을 종종 듣게 됩니다.

'기하급수적'이라는 것이 얼마나 엄청난 것인지를 나타내는 실험이 있어요. 바로 신문지 접기 실험입니다. 두께가 0.2mm인 신문지를 반으로 접는 과정을 반복한다고 해 봅시다. 한 번 접으면 0.4mm, 두 번 접으면 0.8mm, 세 번 접으면 1.6mm…. 이런 방식으로 50번을 접으면 신문지의 두께는 얼마가 될까요?

위 글을 읽고, 50번을 접은 신문지의 두께를 구해 보세요. (거듭제곱을 이용하여 나타냅니다.)

• 신문지 50번 접기

신문지 접기를 영상을 통해 알아봅시다.

→ 주소 https://www.youtube.com/watch?v=7Qv1FwKCWTM

스캔해 보세요!

파스칼의 삼각형

읽어 보기

파스칼의 삼각형에서 찾을 수 있는 수의 배열들

블레즈 파스칼
(1623~1662)

'음악의 신동'하면 누가 떠오르나요? 많은 사람들이 모차르트를 떠올릴 것입니다. 그는 4살 때부터 엄청난 연주를 선보이며 남다른 음악적 재능을 보여주었지요. 그렇다면 '수학의 신동'은 누가 있을까요? **블레즈 파스칼**이 있습니다. 그는 12살이 되던 해 삼각형의 내각의 합이 180도라는 사실을 스스로 발견해 낼 정도로 수학 분야에 특출났어요.

파스칼은 프랑스의 수학자이면서 동시에 물리학자, 철학자, 종교사상가 등 다양한 분야에서 활동을 하면서 많은 글을 발표한 학자입니다. 후대의 학자들은, 너무 많은 재능을 가지고 있어 다양한 분야에 관심을 가졌던 파스칼이 만약 한 분야만 집중적으로 연구했다면 그 분야의 발전은 달랐을 것이라고 이야기한답니다.

부유한 집안에서 태어난 파스칼은 아버지의 지원 속에서 수학, 과학, 발명 등 여러 분야에 관심을 가지고 연구합니다. 당시 과학과 발명 분야에 빠져있던 파스칼이 수학에 관심을 돌리게 된 계기는 도박에 대한 조언을 요청 받으면서부터였어요. 실력이 똑같은 두 사람이 5판 승부를 하기로 했지만, 그 전에 게임을 그만두게 된다면 내기에 건 돈은 어떻게 나누는 것이 옳은지에 대한 질문이었습니다. 파스칼은 이 문제를 해결하기 위해 페르마에게 편지를 썼고, 두 사람은 6개월간 편지를 주고받으며 승부를 가릴 수 있는 다양한 수학적 방법들에 대한 의견을 나누었고, 이를 통해 두 사람은 확률론의 기본 개념을 다질 수 있었어요. 파스칼은 이 과정에서 삼각형에 놓인 숫자들의 배열에 특히 관심을 가지게 됩니다. 이 산술삼각형은 이전에 인도와 아랍, 중국의 수학자들에 의해 많은 사실들이 알려져 있었지만, 파스칼이 이 삼각형에 대한 많은 연구를 했기 때문에 '파스칼의 삼각형'이라는 이름이 붙게 되었어요.

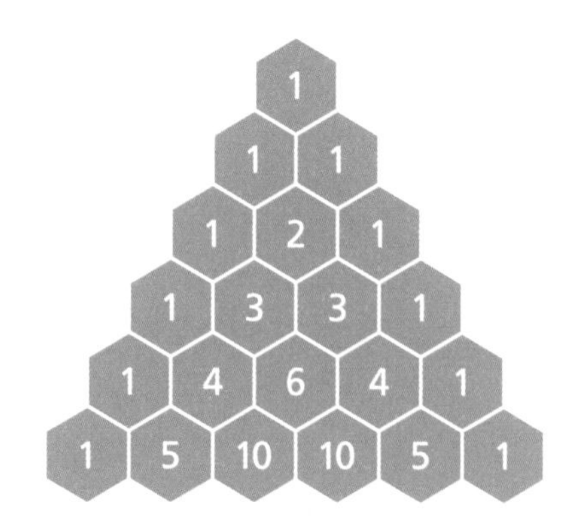

파스칼의 삼각형

정답 15쪽

생각해 보기

1 다음 규칙에 따라 파스칼의 삼각형을 완성해 봅시다.

| 규칙 |
① 첫 번째 줄에는 1을 적기
② 가장 바깥쪽에도 1을 적기
③ 두 번째 줄부터는 바로 윗줄의 왼쪽과 오른쪽 수를 더하여 적기

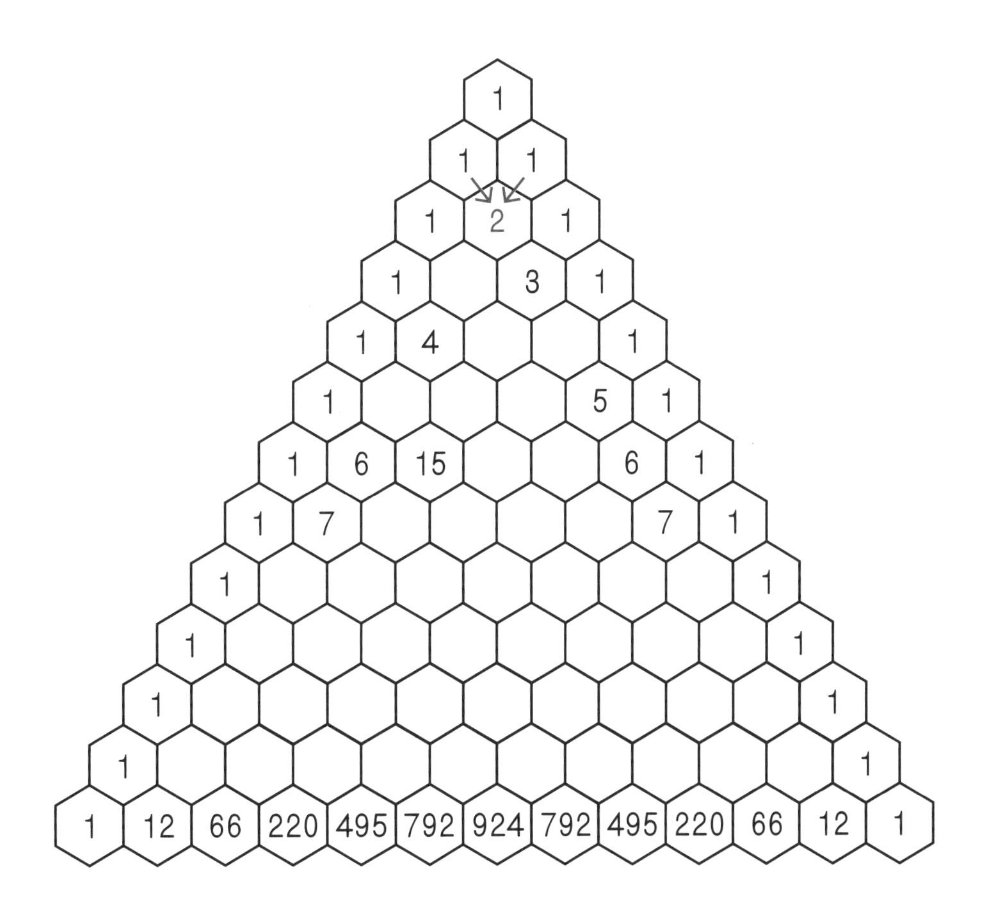

2 다음 파스칼의 삼각형을 참고해서 찾을 수 있는 수나 모양의 규칙성을 최대한 많이 찾아보세요. 답의 수는 규칙을 찾아내는 만큼 추가해서 쓰도록 합니다.

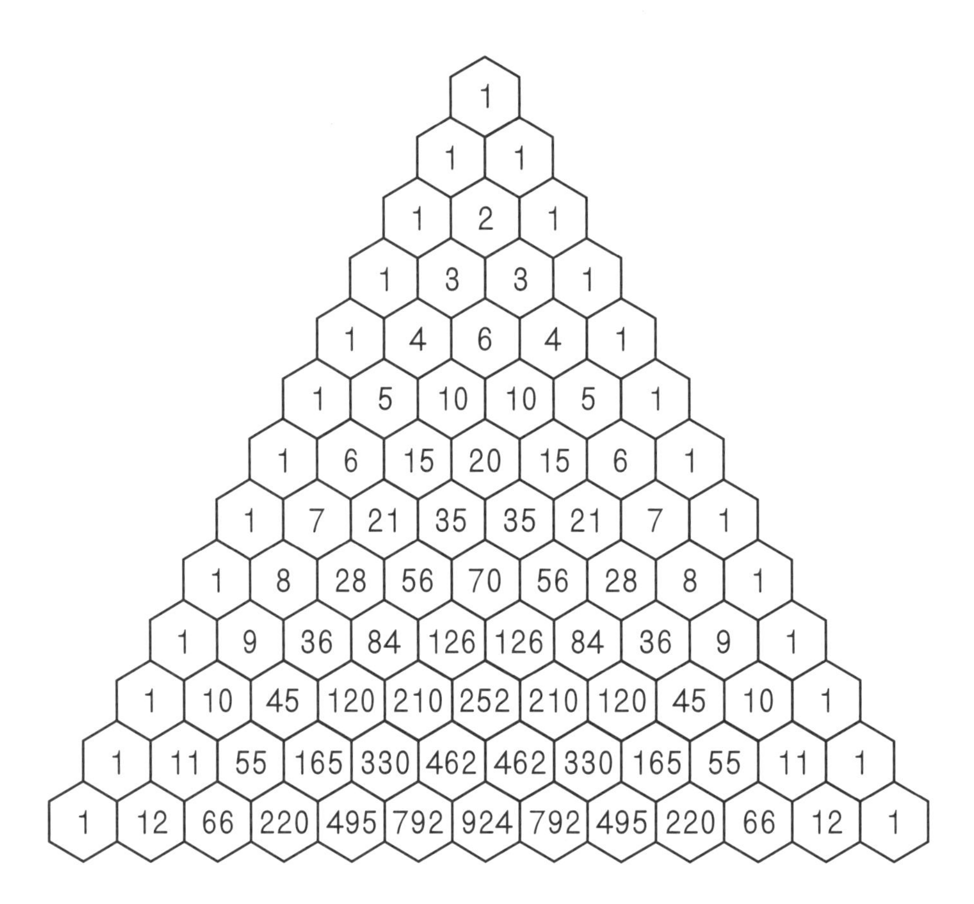

①

②

③

④

정답 15쪽

3 아래 두 개의 꽃잎 모양에서 발견할 수 있는 규칙을 써 보고, 같은 규칙을 가진 다른 꽃잎 모양을 한 개 더 찾아 색칠해 보세요.

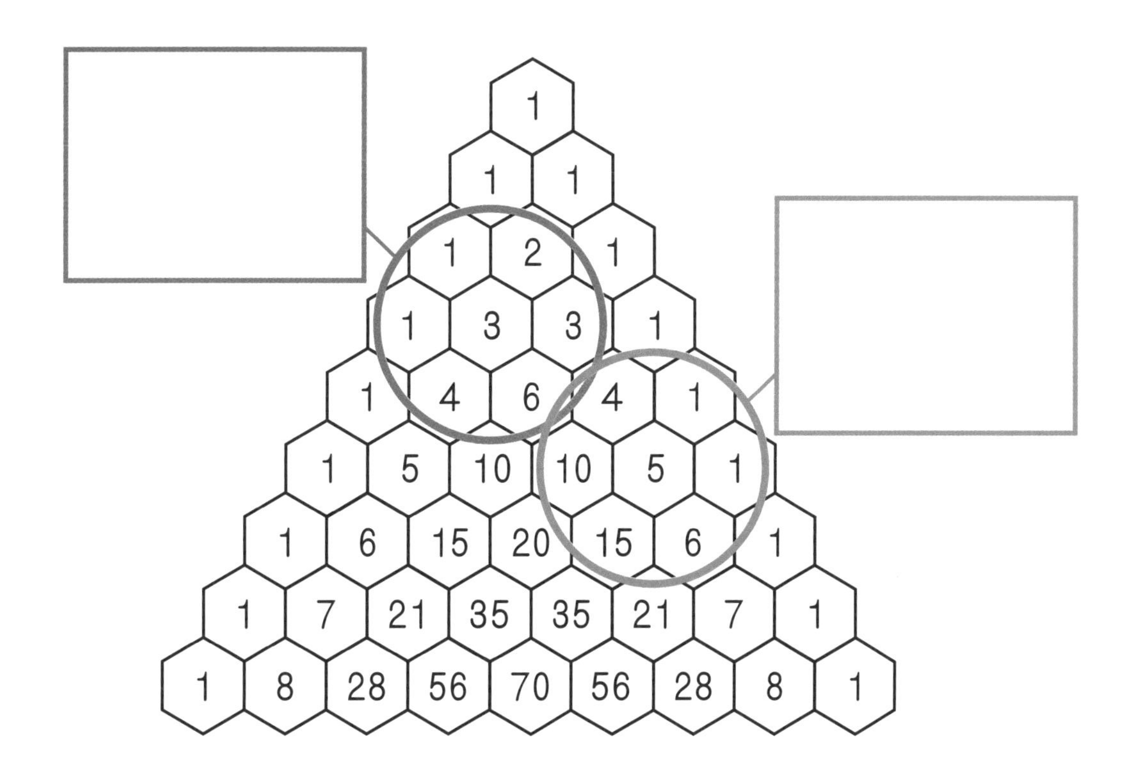

4 다음 파스칼의 삼각형의 각 줄의 합을 구해 보세요. 어떤 규칙을 발견할 수 있나요?

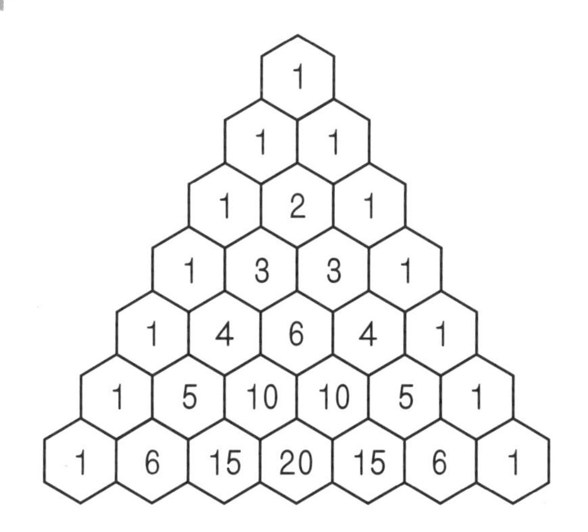

1	1
1 + 1	
1 + 2 + 1	
1 + 3 + 3 + 1	
1 + 4 + 6 + 4 + 1	
1 + 5 + 10 + 10 + 5+ 1	
1+ 6 + 15 + 20 + 15 + 6 + 1	

→

5 파스칼의 삼각형에는 시어핀스키 삼각형과 비슷한 프랙탈 구조가 숨어 있습니다. 각 지시사항에 따라 플랙탈 구조를 찾아보세요.

❶ 홀수는 색칠하고, 짝수는 남겨 두세요.

❷ 짝수는 색칠하고, 홀수는 남겨 두세요.

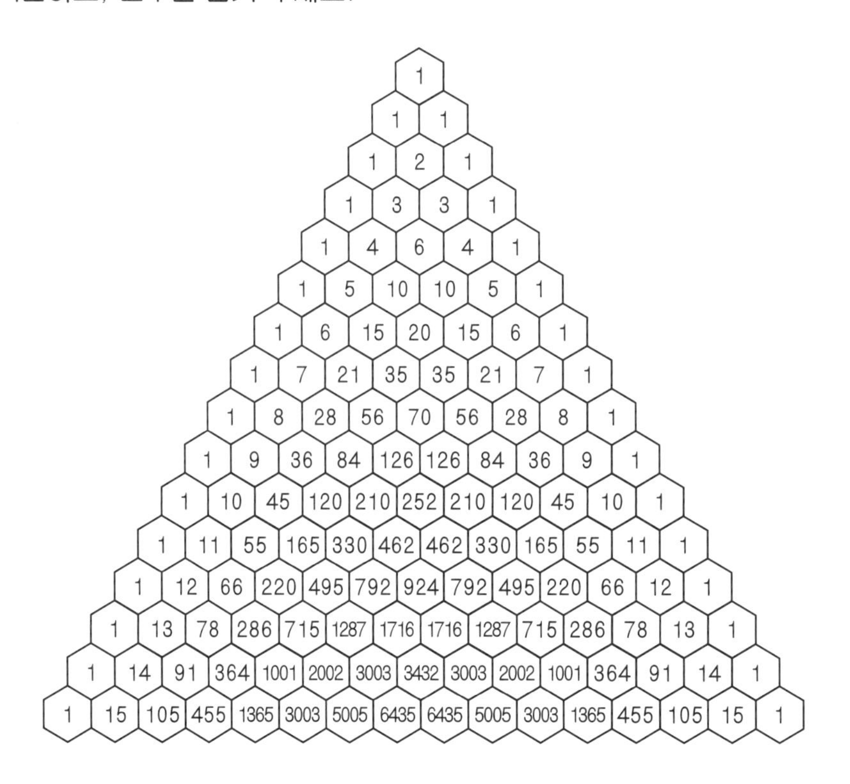

정답 15쪽

③ 5로 나누어떨어지면 색칠하고, 나누어떨어지지 않으면 남겨 두세요.

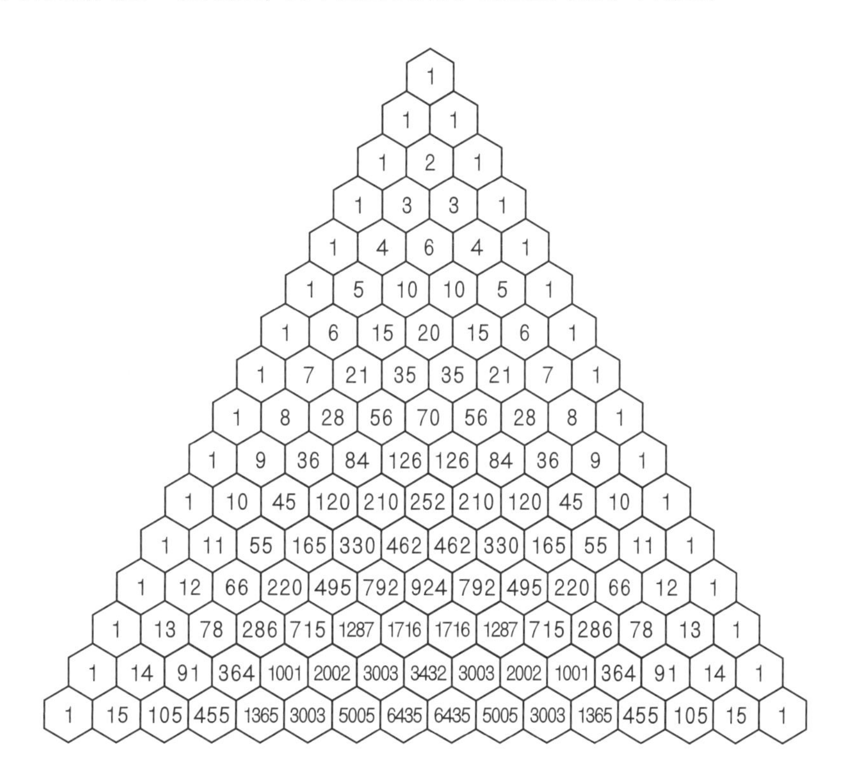

6 파스칼의 삼각형을 아래와 같이 정리했습니다. 대각선에 위치한 수들을 더해 보세요. 이 값들은 어떤 규칙을 가지고 있나요?

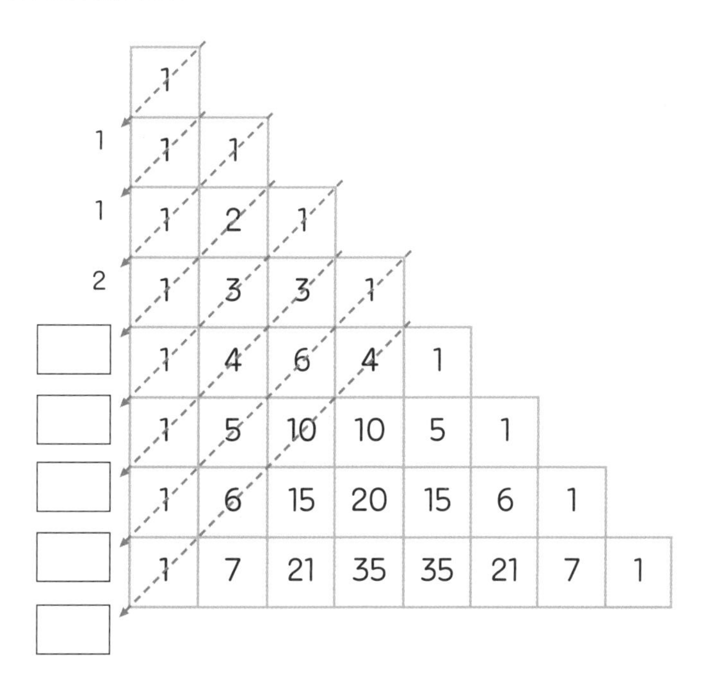

6 피보나치 수열과 황금 나선

읽어 보기

피보나치 수열에서 발견되는 황금비

1, 2, 3, 5, 8, 13, 21, 34, 55 …

꽃잎의 숫자를 나타낸 숫자 배열입니다. 1+2=3, 2+3=5, 3+5=8 …. 앞의 두 수의 합이 바로 뒤의 수가 되는 규칙으로 배열되어 있습니다. 자연에서 많이 발견되는 이 수열은 발견한 사람의 이름을 따서 **피보나치 수열**이라고 불립니다. 자연 속에서 피보나치 수열이 발견되는 경우는 꽃잎의 숫자만이 아니랍니다. 솔방울이 말려 들어가는 방향과 해바라기 씨앗이 놓여있는 나선에서도 피보나치 수열을 발견할 수 있어요.

그런데 이 피보나치 수열에서도 황금비를 발견할 수 있습니다. 이웃한 두 수의 비를 계산해 보면, 숫자가 커질수록 황금비에 가까워지는 것을 확인할 수 있어요.

21÷13=약 1.615

34÷21=약 1.619

55÷34=약 1.618

피보나치 수열에서 황금비를 얻을 수 있는 것을 발견한 수학자는 바로 케플러(1571~1630)입니다. **케플러**는 58쪽 〈정다면체〉에서 정다면체를 이용한 천체 모델을 제시했던 바로 그 수학자가 맞아요.

그리고 우리는 자연에서 황금비와 피보나치 수열이 함께하는 **'황금 나선'**의 아름다움 또한 발견할 수 있습니다.

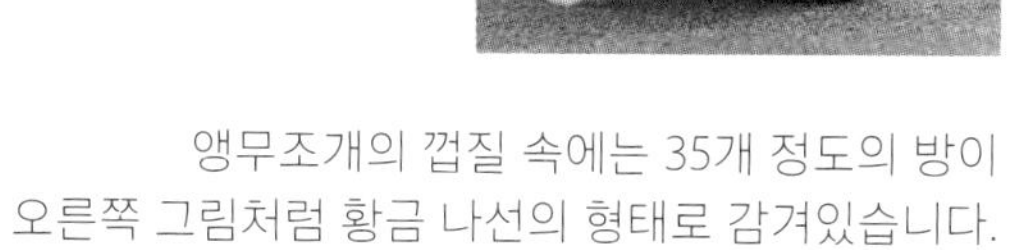

앵무조개의 껍질 속에는 35개 정도의 방이
오른쪽 그림처럼 황금 나선의 형태로 감겨있습니다.

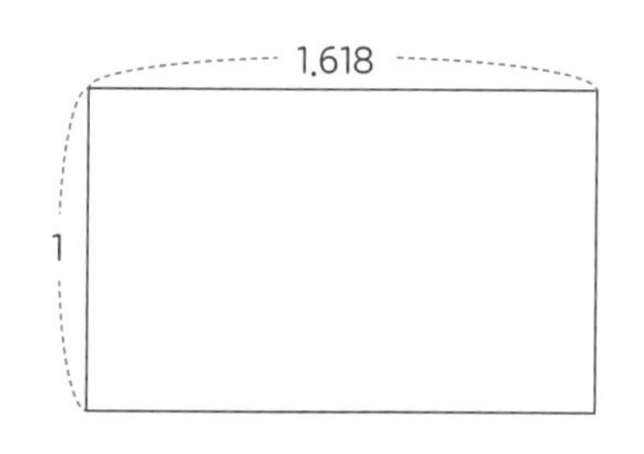

위와 같이 긴 변에 짧은 변의 길이의 비가 황금비인 직사각형을 '황금 사각형'이라고 합니다. 그리고 피보나치 수열을 이용하여 황금 나선과 황금 사각형을 그릴 수 있어요. 아래 직사각형을 이루는 각 정사각형 안에 적혀 있는 숫자 1, 1, 2, 3, 5, 8…은 각 정사각형 한 변의 길이입니다. 이 직사각형의 짧은 변과 긴 변의 길이의 비는 피보나치 수열에서 이웃한 두 수의 비와 같기 때문에 점점 황금비에 가까워지고 있어요.

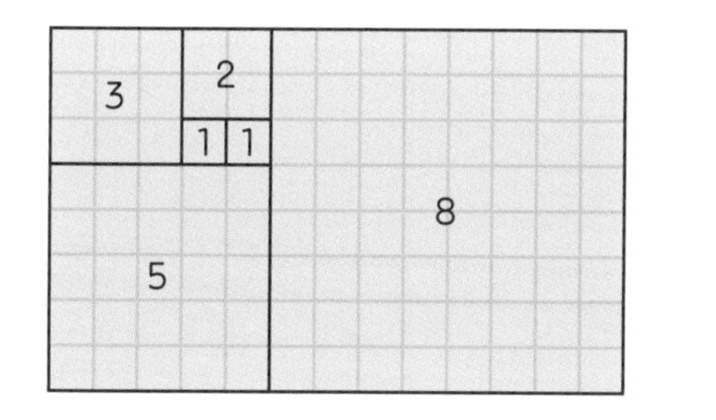

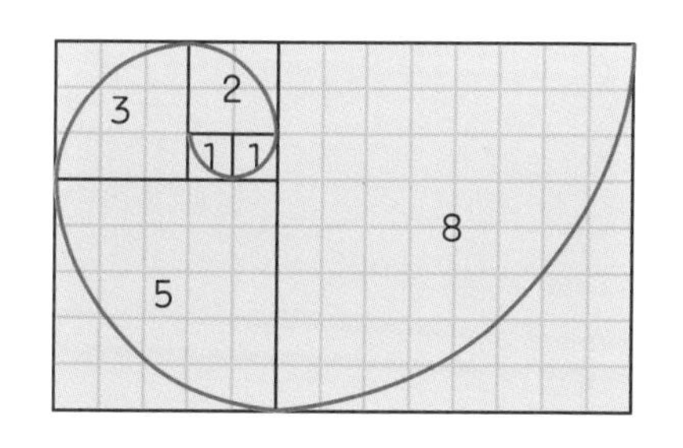

그리고 가장 안쪽의 가장 작은 정사각형에서 시작하여 밖으로 점점 퍼져나가는 모습으로 꼭짓점을 이으면 황금 나선이 완성됩니다. 피보나치 수를 이용해 만들었기 때문에 피보나치 나선이라고도 불러요.

생각해 보기

1 황금 사각형 ABCD를 보고 물음에 답하여 봅시다.

황금 사각형 ABCD 안에 사각형 ABFE가 정사각형이 되도록 선분 EF를 그었습니다.

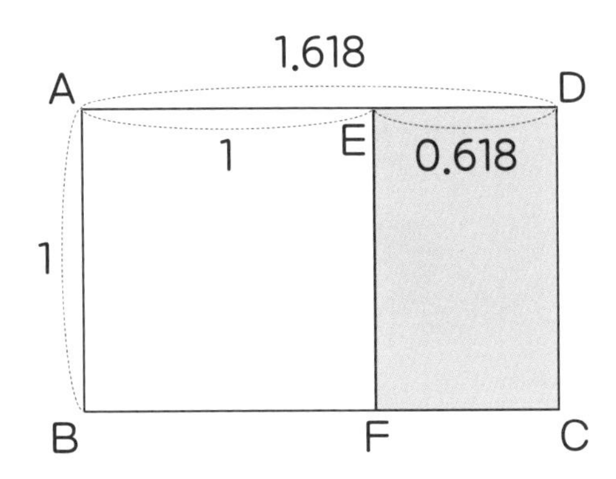

위와 같은 방법으로 오른쪽 아래에 조금 더 작은 사각형을 만들어 보았습니다.

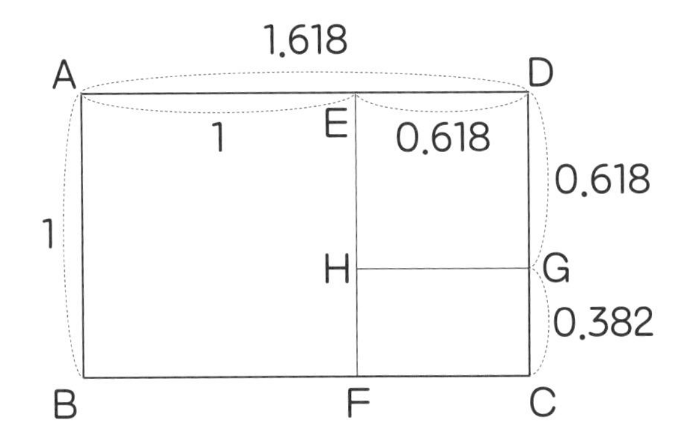

사각형 ABCD, 사각형 CDEF, 사각형 CGHF는 서로 어떤 관계에 있나요? 이와 같은 관계에 있는 예시를 아는 대로 적어 보세요.

정답 16쪽

2 넓이가 1인 정사각형 ①부터 시작하여 아래 그림과 같이 정사각형을 배열하여 직사각형을 만들고 있습니다. 정사각형 ⑩의 넓이와 정사각형 ①+②+ ··· +⑨의 넓이의 차를 구해 보세요.

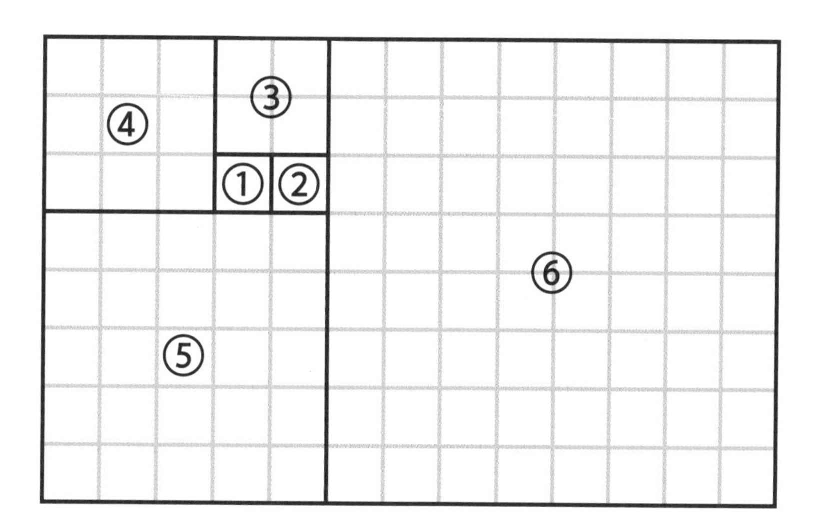

3 피보나치 수열을 이용하여 가로의 길이가 13, 세로의 길이가 21인 황금 사각형을 완성한 후, 황금 나선을 직접 그려 봅시다. (한 변의 길이가 1인 정사각형부터 시작, 한 변의 길이가 13인 정사각형에서 끝납니다.) (준비물: 컴퍼스)

◆ 한 칸의 가로와 세로 길이는 각각 1입니다.

정답 16쪽

4 삼각형 ABC는 밑각이 72°인 이등변삼각형입니다. 이 삼각형에도 황금비가 들어있기 때문에 황금 삼각형이라 불립니다. 각도기와 자를 이용하여 삼각형ABC 안에 삼각형ABC와 닮음 관계인 또 다른 황금 삼각형을 다섯 개 더 그려 보고, 이 황금 삼각형들을 이용하여 황금 나선을 완성해 보세요. (준비물: 각도기, 자, 컴퍼스)

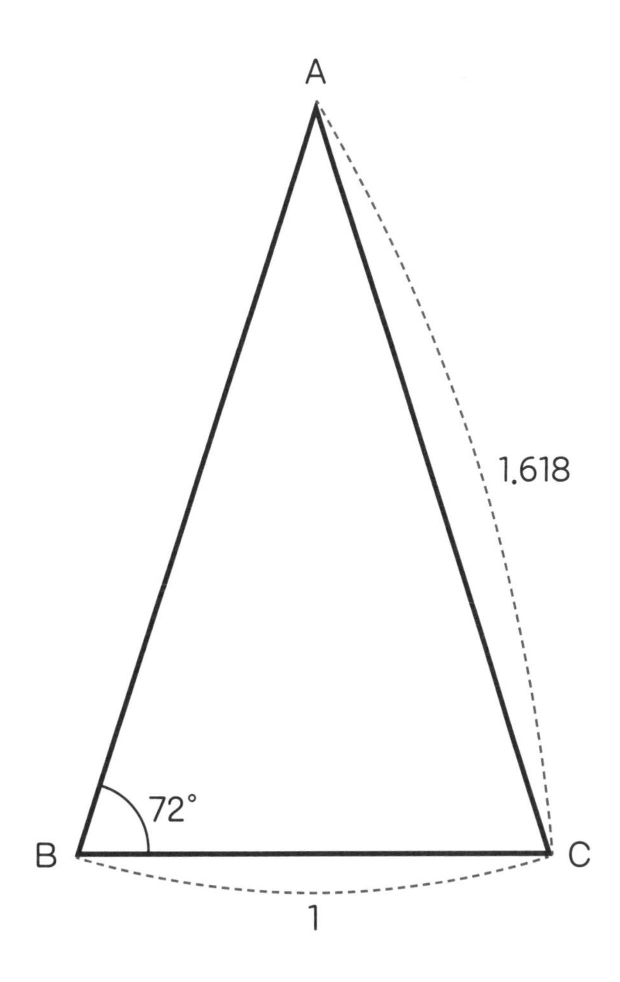

레오나르도 다빈치도 '비율'을 중시했어요!

혁신의 아이콘인 스티브 잡스가 롤 모델로 삼았고 세계 최고의 부자인 빌 게이츠가 존경심을 아끼지 않았던 인물은 과연 누굴까요? 천재적인 화가이자 발명가, 건축가, 수학자, 해부학자, 과학자 …. 너무나 많은 수식어가 붙는 이 인물은 바로 레오나르도 다빈치입니다.

스티브 잡스는 레오나르도 다빈치와 관련, '예술과 공학 양쪽에서 모두 아름다움을 발견했으며 그 둘을 하나로 묶는 능력이 그를 천재로 만들었다'고 말했어요. 그의 말처럼 레오나르도 다빈치는 그림을 그릴 때도 과학적인 관점에서 접근하였습니다.

특히 원근법, 황금비, 기하학 도형 같은 수학적 원리는 그의 작품에 잘 드러나 있어요. 그의 그림 중 〈비트루비우스적 인간 (인체비례도)〉는 과학과 예술이 함께 표현된 르네상스 시대의 대표작이랍니다.

레오나르도 다빈치(1452~1519)

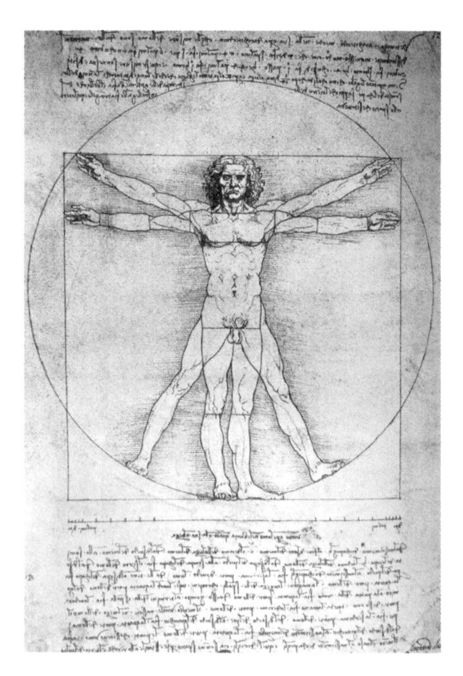

<비트루비우스적 인간>

기원전 1세기경 로마의 대 건축가 비트루비우스는 『건축 10서』라는 책에서 '소우주인 인체의 비율은 대우주인 세계의 비율과 유사하며, 인체의 완벽한 비율은 정사각형과 원 안에 구현된다'고 서술했어요. 레오나르도 다빈치는 그에 대한 존경심을 담아 그가 말한 내용을 이 그림을 통해 구현해 낸 것이에요.

이 〈비트루비우스적 인간〉은 똑바로 서서 팔을 좌우로 펼치면 정사각형 안에 딱 들어맞고, 팔다리를 조금 더 펼치면 팔다리의 끝이 원과 정확히 일치합니다.

인체의 비례에 큰 관심을 가졌던 다빈치는 많은 작품에 황금비를 녹여냈어요. 그리고 그중 가장 대표적인 작품이 바로 여러분도 잘 알고 있는 〈모나리자〉랍니다. 아름다운 한 여인이 먼 산과 강을 배경으로 신비로운 미소를 지으며 조용히 앉아 있는 〈모나리자〉는 상체를 약간 옆으로 돌린 채 얼굴만 정면을 바라보고 있어서 완전한 정면이나 측면만 그렸던 당시로선 상당히 파격적인 초상화였다고 해요.

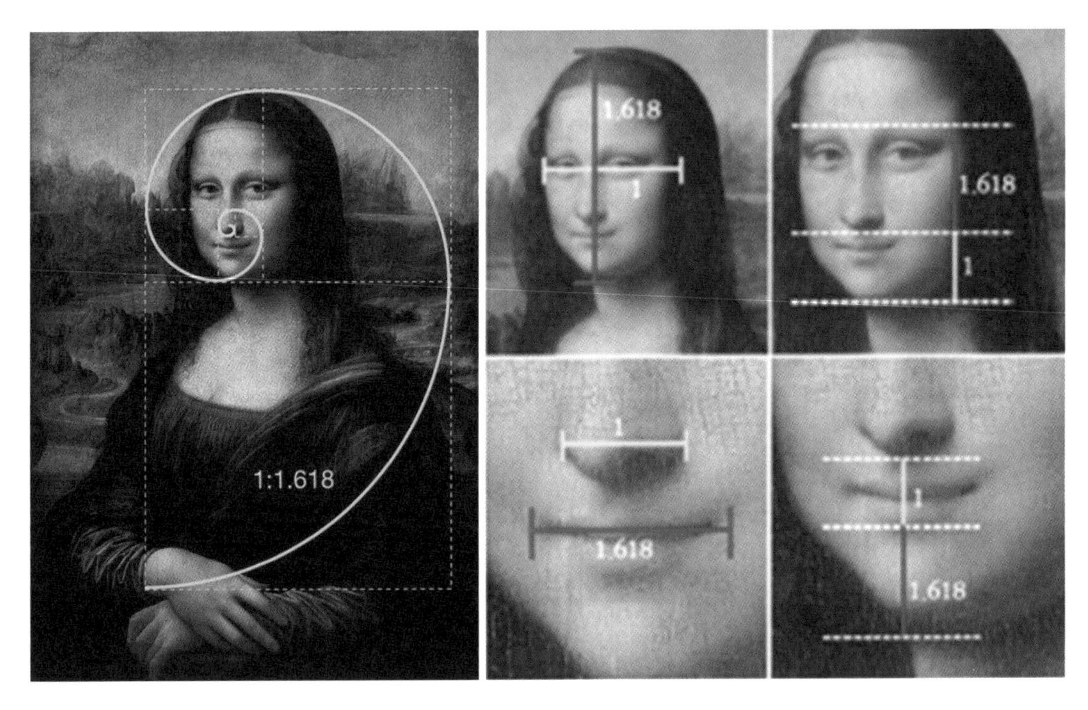

<모나리자>

레오나르도 다빈치는 모나리자를 그릴 때 어느 부분에서 황금비를 이용한 것일까요? 〈모나리자〉 속 여인의 얼굴 자체가 황금비율이라고 해요. 여인의 얼굴 가로의 길이를 1이라고 하면 세로의 길이는 약 1.6, 턱에서 코끝까지의 길이를 1이라고 하면 그 코끝에서 눈썹까지의 길이는 약 1.6, 코의 너비를 1이라고 하면 입의 길이는 약 1.6, 인중의 길이를 1이라고 하면 입에서 턱까지의 길이가 약 1.6입니다. 다빈치는 모나리자 여인의 얼굴을 온통 황금비로 그린 셈이죠.

4 자료와 가능성

1 환경 문제 분석하기

읽어 보기

다음은 역대 최고로 치솟고 있는 지구 기온에 관한 2021년 11월 기사입니다. 여러분도 뉴스에서 '지구 온난화'라는 단어를 종종 들어보았을 것입니다. 심각해지고 있는 지구 온난화 현상과 연관하여 폭염, 한파, 태풍 등의 자연재해도 과거보다 더 자주 일어나고 있어요. 기사를 읽고 지구의 현재 상황에 대해 생각해 봅시다.

> 세계기상기구 "지구 기온, 최근 7년간 역대 최고치 찍어"
>
> 유엔 산하 세계기상기구(WMO)가 지난 7년간 지구 기온이 관측 이래 역대 최고치를 찍었다고 밝혔다. 이에 강력한 폭염과 파괴적인 홍수 등을 동반하는 극단적인 이상기후가 이제 기후의 '뉴 노멀(new normal)'이 됐다는 우려가 나온다.
> WMO는 31일(현지시간) 영국 글래스고에서 개막한 제26차 유엔기후변화협약 당사국회의(COP26) 개막일에 맞춰 '2021 기후 상태보고서'를 발표했다. 이 보고서에는 지구 온도, 극단적 이상기후, 해수면 상승, 해양상태 등 기후지표 전반이 담겨있다. 보고서에 따르면 2002년 이래 지난 20년간 평균 온도는 산업화 이전 대비 처음으로 1℃가 높아진 것으로 분석됐다.
> 또한, 2015년부터 올해까지 최근 7년간 지구 온도는 사상 최고치로 치솟을 것으로 전망됐다. 온실가스가 이 기간 최대치를 기록한 영향이다. WMO는 아울러 지난 9개월 간 자료를 바탕으로 올해가 역대 5번째에서 7번째로 가장 더운 한 해가 될 것으로 예상했다. 올해 평균 온도는 산업화 이전 대비 약 1.09℃가 높아질 것으로 관측됐다.
>
> 김수환 기자, 아시아경제, 2021.11.1

기사에 나타난 환경 문제가 심각하게는 들리는데, 글로만 적혀 있으니 얼마나 심각한 변화인지 한눈에 들어오지는 않네요. 여러 가지 환경 문제들을 다양한 그래프를 통해 파악해 보고, 그래프를 통해 얻을 수 있는 정보들은 무엇이며 어떻게 분석할 수 있는지, 예측할 수 있는 미래는 어떠한지도 함께 생각해 보도록 합시다.

• 온실효과란?

온실효과에 대해서 영상을 통해 더 알아봅시다.

→ 주소 https://www.youtube.com/watch?v=DBvGQvFedCA

스캔해 보세요!

정답 17쪽

생각해 보기

1 다음은 해수면 상승에 관한 기사입니다. 기사를 잘 읽고, 물음에 답하세요.

제 목 :

국립해양조사원, 시나리오별로 ((라))cm~((마))cm의 해수면 상승 예측값 구해내!

국립해양조사원은 IPCC 기후변화 시나리오에 따른 우리나라 주변 해역의 해수면 상승 전망을 발표하였다.
(IPCC : 기후변화에 관한 정부 간 협의체)
이 중, 온실가스가 현재와 같은 수준으로 지속 배출된다는 최악의 시나리오(RCP 8.5)에 따르면, (가) 으로 전망됐다. 앞으로 온실가스 배출량이 줄지 않을 경우, 최근 30년간(1990~2019년) 약 10cm 상승한 것에 비해 해수면 상승 속도가 2배 이상 빨라질 수 있다는 의미다. 온실가스 감축 정책이 어느 정도 실현되는 경우(RCP 4.5)에는 약 (나) cm, 온실가스 배출이 거의 없어 지구 스스로가 회복하는 경우(RCP 2.6)에는 약 (다) cm 상승하는 결과를 보였다.

상승폭 (cm)	IPCC 시나리오	황해	대한해협	동해	우리 주변 해역 평균
2100년	RCP 2.6	39.4	39.8	40.1	39.9
	RCP 4.5	50.6	51.1	51.7	(바)
	RCP 8.5	72.2	(사)	73.8	73.3

우리 주변 해역 평균은 황해, 대한해협, 동해의 해수면 상승폭의 평균을 나타낸다.

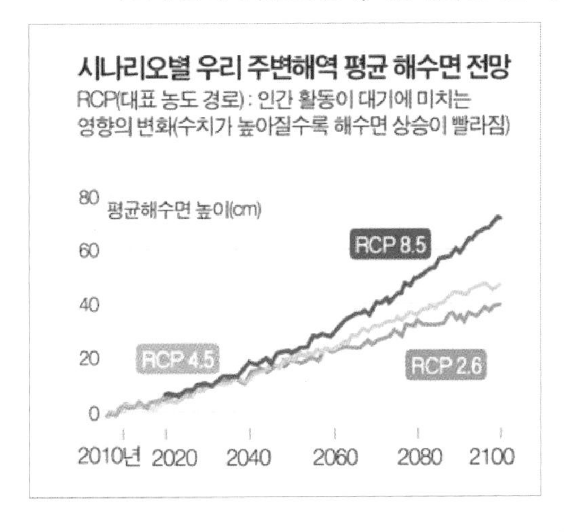

❶ 온실가스 감축 정책이 어느 정도 실현되는 경우의 시나리오인 RCP 4.5일 경우 우리 주변 해역 해수면의 평균 상승폭은 약 몇 cm인가요? (바)에 들어갈 수치를 구해 보세요.

❷ 온실가스가 현재와 같은 수준으로 지속 배출된다는 최악의 시나리오인 RCP 8.5일 경우 대한해협 해수면의 상승폭은 약 몇 cm인가요? (사)에 들어갈 수치를 구해 보세요.

❸ (가)에 들어갈 문구를 적어 보세요.

❹ (나), (다), (라), (마)에 들어갈 수치들을 적어 보세요. (소수점 첫째 자리에서 반올림하여 자연수로 적습니다.)

(나)		(다)		(라)		(마)	

❺ 기사에 어울리는 제목을 써 봅시다.

❻ 위 기사에 나온 자료들은 표와 꺾은선 그래프로 표현되어 있습니다. 어떤 장점이 있나요?

2 다음은 환경 관련 그래프들입니다.

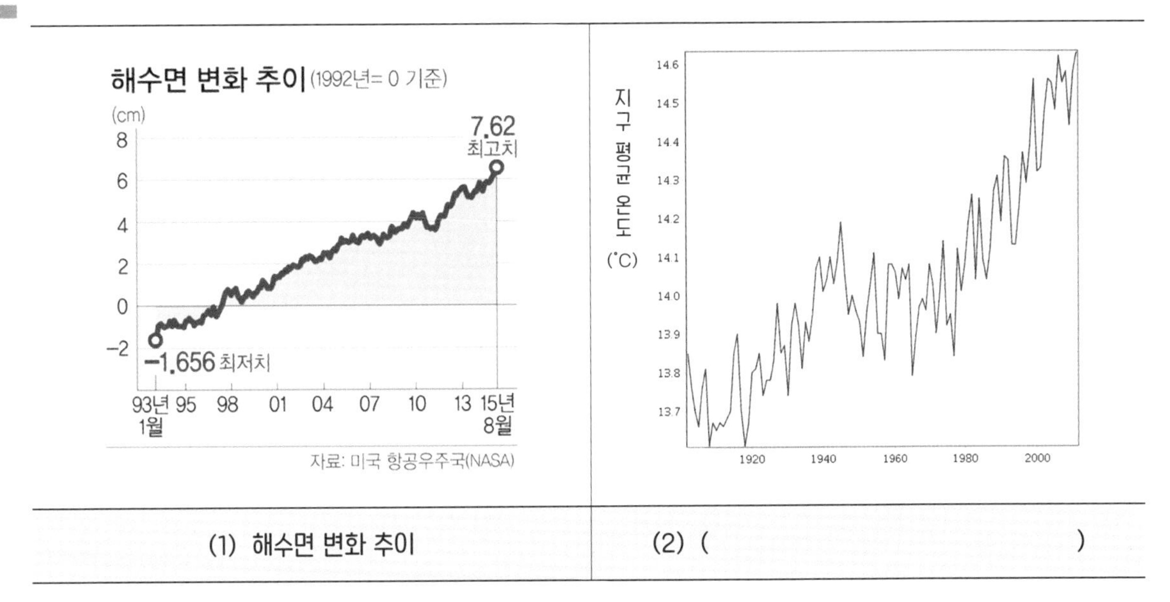

(1) 해수면 변화 추이 | (2) (　　　　　　　　　　　　　　)

열대야일수 전국 년자료 기간 : 1973 ~ 2022

(일)

열대야일수

(3) 열대야일수 변화

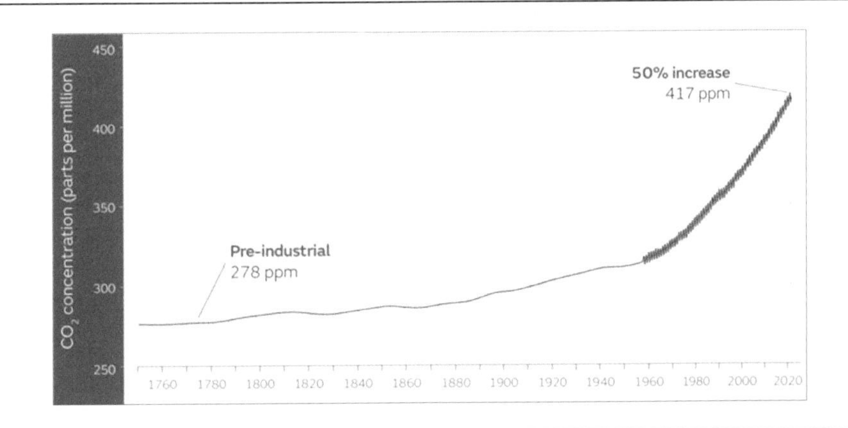

(4) 산업혁명 이후 이산화탄소 농도(ppm)의 변화

❶ (2)번 그래프에 적절한 제목을 붙여 보세요.

❷ 제시된 환경 자료들을 통해 알 수 있는 사실들을 적어 봅시다.

정답 17쪽

❸ 위에서 분석한 내용들을 바탕으로 지구 온난화 현상이 현재와 같은 추세로 지속될 경우 어떠한 현상들이 발생할 것으로 예측되는지 적어 봅시다.

경우의 수와 확률

읽어 보기

로또에 당첨될 확률은?

정말 운 좋은 일이 일어났을 때 우리는 '로또에 당첨됐다!'는 표현을 종종 씁니다. 그렇다면 실제로 로또에 당첨될 확률을 수학적으로 계산해 보면 어떻게 될까요?

로또는 1부터 45개의 숫자 중 6개를 선택하여 6개의 번호가 모두 맞은 경우 1등에 당첨되는 복권이랍니다. 로또는 45개의 숫자 중 6개를 골라야 하고, **확률은 나올 수 있는 경우의 수를 모든 경우의 수로 나누는 것**이지요? 우선 번호가 나올 가능성이 얼마나 되는지 계산합니다.

첫 번째 공은 45개 중 하나, 두 번째 공은 44개 중 하나가 됩니다. 이런 식으로 경우의 수를 구하면 $45 \times 44 \times 43 \times 42 \times 41 \times 40$으로 모두 5,864,443,200의 경우의 수가 발생합니다. 그런데 로또는 6개의 공이 뽑힌 순서와 상관이 없으므로 45개의 공 가운데 6개를 뽑는 모든 경우의 수에서 6개의 번호가 섞여 있는 경우의 수인 $6 \times 5 \times 4 \times 3 \times 2 \times 1$, 즉 720을 나누어 주어야 합니다. 따라서 최종적으로 8,145,060의 경우의 수가 됩니다.

확률로 계산을 해 볼까요? 첫 번째 수를 고를 확률은 $\frac{6}{45}$입니다. 두 번째 수는 첫 번째 고른 숫자가 빠진 $\frac{5}{44}$이 되겠죠? 세 번째 수는 $\frac{4}{43}$이 됩니다. 이런 방식으로 6개의 숫자를 고를 확률은 $\frac{6}{45} \times \frac{5}{44} \times \frac{4}{43} \times \frac{3}{42} \times \frac{2}{41} \times \frac{1}{40}$이 됩니다.

이것을 모두 계산하면 로또에 당첨될 확률은 $\frac{1}{8,145,060}$이 됩니다. 비교해보자면 번개에 맞을 확률은 $\frac{1}{6,000,000}$입니다. 따라서 벼락에 맞는 것보다 로또에 당첨될 확률이 훨씬 낮다고 이야기할 수 있습니다. 로또 복권 1등에 당첨되는 것은 이토록 어려운 일이었네요!

정답 18쪽

생각해 보기

1 주사위와 동전 1개를 던졌을 때 나올 수 있는 경우를 생각해 봅시다.

❶ 동전 2개를 던져 나올 수 있는 모든 경우의 수를 그림으로 그려 구해 보세요.

| 예시 |

그림면

숫자면

❷ 모든 경우의 수를 순서쌍으로 나타내어 봅시다.

| 예시 |

(그림면, 숫자면)

❸ 동전 2개를 던져 나올 수 있는 경우의 수는 몇 가지인가요?

- 순서쌍 : 순서를 정하여 짝지어 나타낸 쌍
  두 대상 a, b의 순서를 생각하여 만든 쌍은 (a, b) 또는 (b, a)가 있다.

❹ 동전 2개를 던져서 나타나는 모든 경우의 수에 대한 동전 2개가 같은 면이 나오는 경우의 수의 비율은 얼마인가요?

❺ 동전 2개를 던져서 나타나는 모든 경우의 수에 대한 동전 2개가 서로 다른 면이 나오는 경우의 수의 비율은 얼마인가요?

❻ 사건이 일어날 가능성, 즉 확률의 의미와 구하는 방법을 정리해 봅시다.

'확률'은 모든 경우의 수에 대한 어떤 사건이 일어날 경우의 수의 비율을 말합니다. 100원짜리 동전 한 개를 던졌을 때 '그림면'이 나오는 확률을 구하는 식을 써 봅시다.

↓

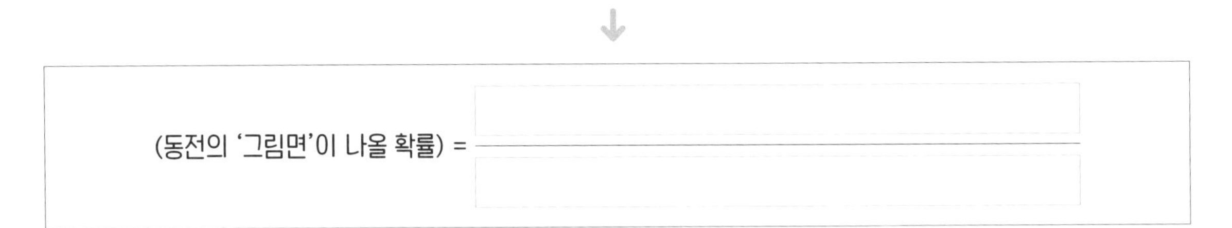

'확률'을 구하는 방법
(사건이 일어날 가능성) = (확률) = $\frac{\square}{\square}$

정답 18쪽

2 주사위 2개를 던져 나올 수 있는 모든 경우의 수를 알아봅시다.

❶ 모든 경우의 수를 그림으로 나타내 봅시다.

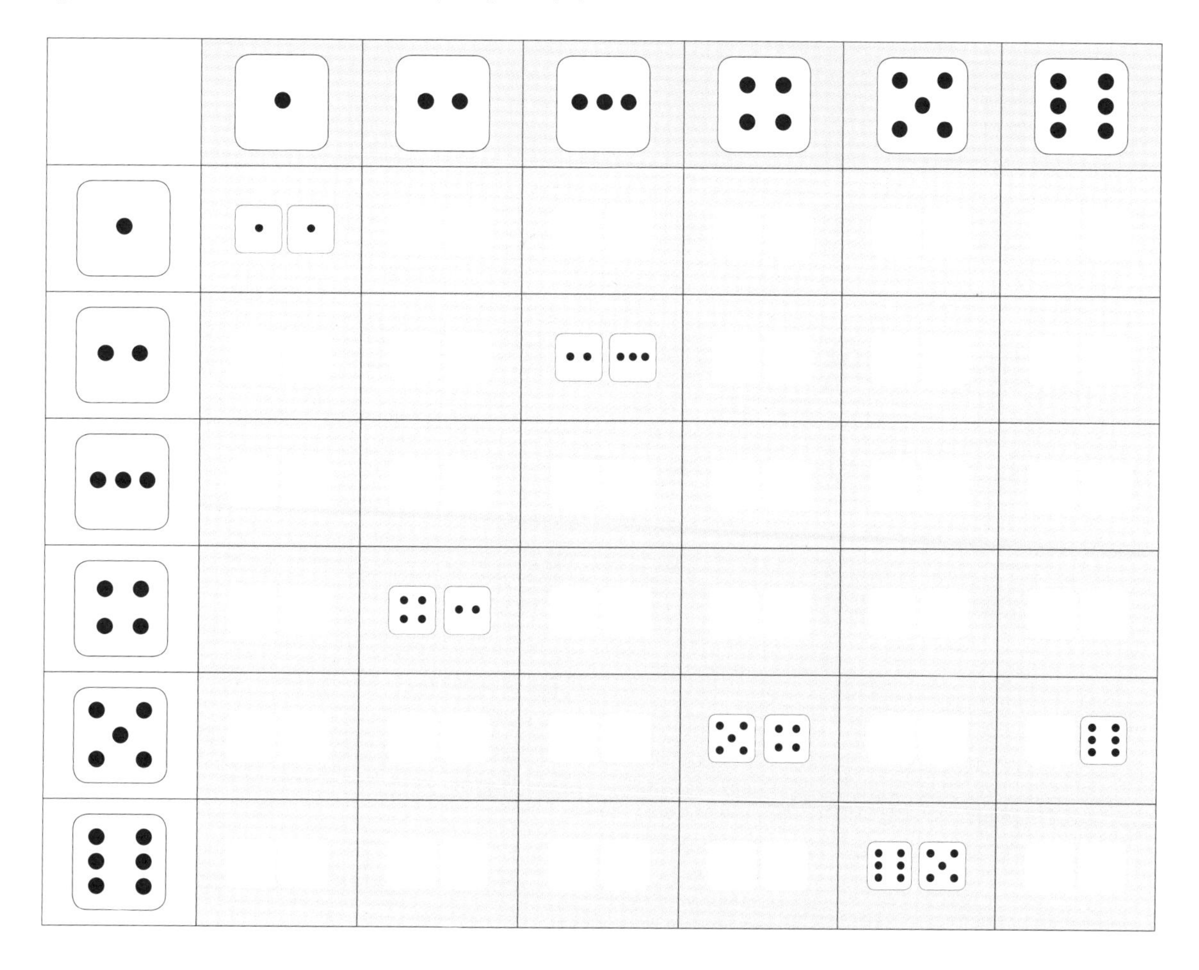

❷ 주사위 2개를 던져 나올 수 있는 경우의 수는 모두 몇 가지인가요?

3 동전 1개와 주사위 1개를 던져 나올 수 있는 모든 경우의 수를 구해 봅시다.

❶ 그림으로 나타내 봅시다.

❷ 모든 경우의 수를 (동전, 주사위)의 순서쌍으로 나타내 봅시다.

| 예시 |

(그림면, 1)

정답 18쪽

❸ 동전 1개와 주사위 1개를 던져 나올 수 있는 경우의 수는 모두 몇 가지인가요?

❹ 주사위 2개를 던졌을 때, 두 눈이 합이 7이 될 확률은 얼마인가요?

❺ 주사위 2개를 던졌을 때, 두 눈이 합이 짝수가 나올 확률은 얼마인가요?

알고리즘과 순서도

읽어 보기

어디든지 알고리즘이 있다!

알고리즘이라는 단어를 들어 보았나요? 책이나 뉴스에서 흔하게 접할 수 있는 단어이지만, 알고리즘을 정확하게 설명해 보라고 하면 "그게… 컴퓨터랑 관련된 것인데… 음…." 이렇게 말문이 막히는 친구도 많을 것 같습니다. 휴대폰 카메라, 구글이나 네이버 등의 검색 엔진, 인스타그램이나 틱톡 등 SNS에 올리는 포스팅을 관리하는 프로그램도 모두 알고리즘이에요. 컴퓨터가 많은 분야에 활용되기 때문에 알고리즘도 우리 생활 곳곳에 스며들어 있답니다.

'알고리즘'이라는 단어가 어렵게 느껴질 수 있지만 사실 그 뜻은 아주 간단합니다. 알고리즘은 **어떠한 문제를 해결하거나 계산 결과를 얻어 내기 위한 명령의 집합**을 뜻해요. 조금 쉽게 설명하자면, **주어진 문제를 효율적으로 풀기 위한 방법을 단계별로 기술해 놓은 것**을 말합니다. 컴퓨터에서 사용하는 모든 프로그램은 각자의 알고리즘을 가지고 있어요.

하지만 컴퓨터 프로그램에만 알고리즘이 존재하는 것은 아니랍니다. 생활 속 간단한 알고리즘의 예시를 하나 볼까요?

시리얼 먹는 순서

1. 그릇에 시리얼을 넣는다.
2. 우유를 넣는다.
3. 우유와 시리얼을 골고루 섞는다.
4. 숟가락을 이용하여 맛있게 먹는다.

이 알고리즘을 표현하는 가장 대표적인 방식 중의 하나가 바로 **순서도**입니다.

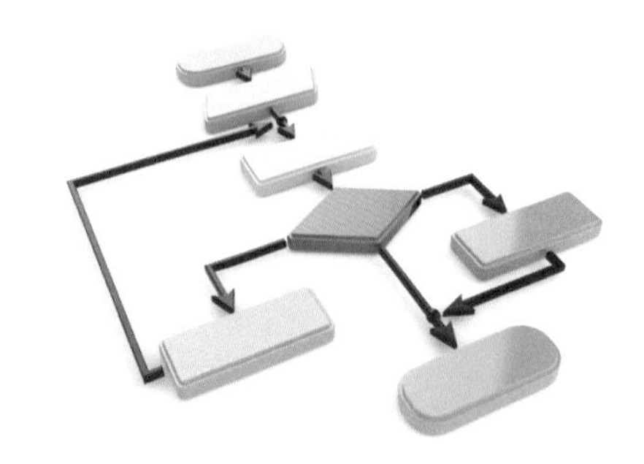

다음은 순서도의 기본적인 기호들입니다.

(둥근 사각형)	시작, 끝을 나타냄
(사각형)	자료 입력, 계산 등의 처리 명령
(마름모)	어느 것을 택할 것인지를 판단
↓	기호를 연결하여 처리의 흐름을 나타내는 흐름선

위 기호들을 이용하여 라면을 끓이는 과정을 순서도로 나타내어 볼까요? '요리법'은 대표적인 알고리즘 중 하나랍니다.

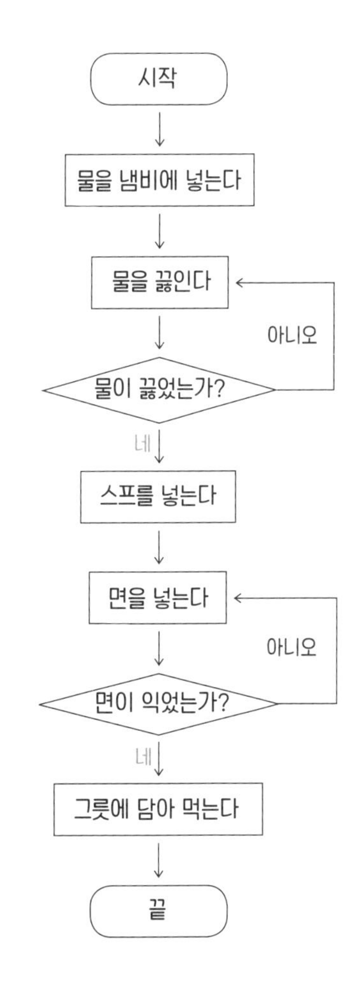

• '정확한 명령'이 중요한 이유

영상을 통해 코딩의 원리에 대해 알아봅시다.

→ 주소 https://www.youtube.com/watch?v=I5cq54MFQCo

스캔해 보세요!

생각해 보기

1 칠교 조각을 이용하여 다양한 모양을 만드는 활동을 알고리즘으로 표현하려 합니다. 예시처럼 나타내어 보세요.

| 예시 |

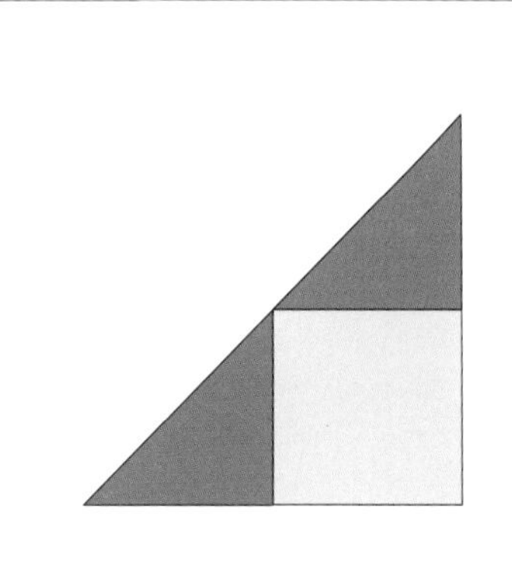

① 칠교 조각 중 가장 작은 2개의 삼각형 조각과 가장 작은 사각형 조각을 고른다.
② 한 삼각형 조각의 45°부분이 왼쪽, 직각 부분이 오른쪽에 오도록 놓는다.
③ ②에 놓은 삼각형 옆에 사각형 조각을 붙여 놓는다.
④ 남은 삼각형 조각 1개를 왼쪽이 45°, 오른쪽이 직각이 되도록 사각형 조각 위에 붙여 놓는다.
⑤ 3개의 조각이 하나의 직각 삼각형 모양을 만드는지 확인한다.

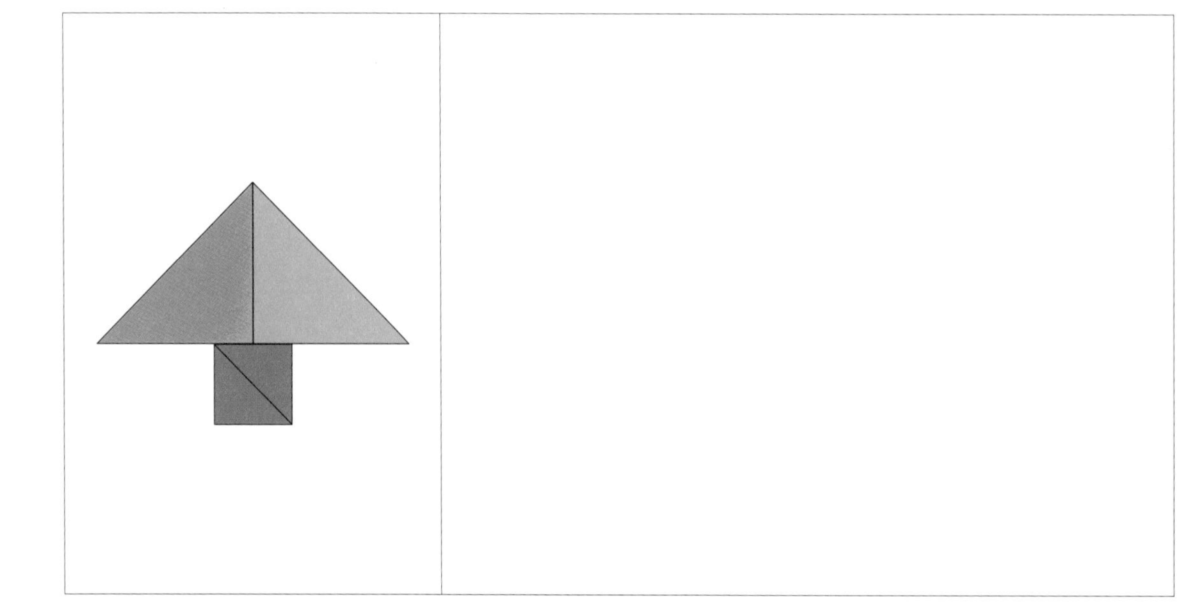

정답 19쪽

2 순서도 기호 중 ◇는 '네' 또는 '아니오'라는 판단이 필요한 경우에 사용됩니다. 신호등의 색깔에 따라 판단이 필요한 경우인 신호등이 있는 건널목에서 횡단보도를 건너는 상황의 순서도를 작성하려 합니다.

❶ 순서도를 작성하기 위해 횡단보도를 건너는 과정을 순서대로 적어 보세요.

(1) 횡단보도 앞에서 일단 정지

❷ ❶을 참고하여 횡단보도를 건너는 과정을 순서도로 나타내어 보세요.

3 아래 물음에 답해 봅시다.

❶ 다음 조건을 살펴보고, 가, 나, 다에 해당하는 도형이 무엇인지 적어 봅시다.

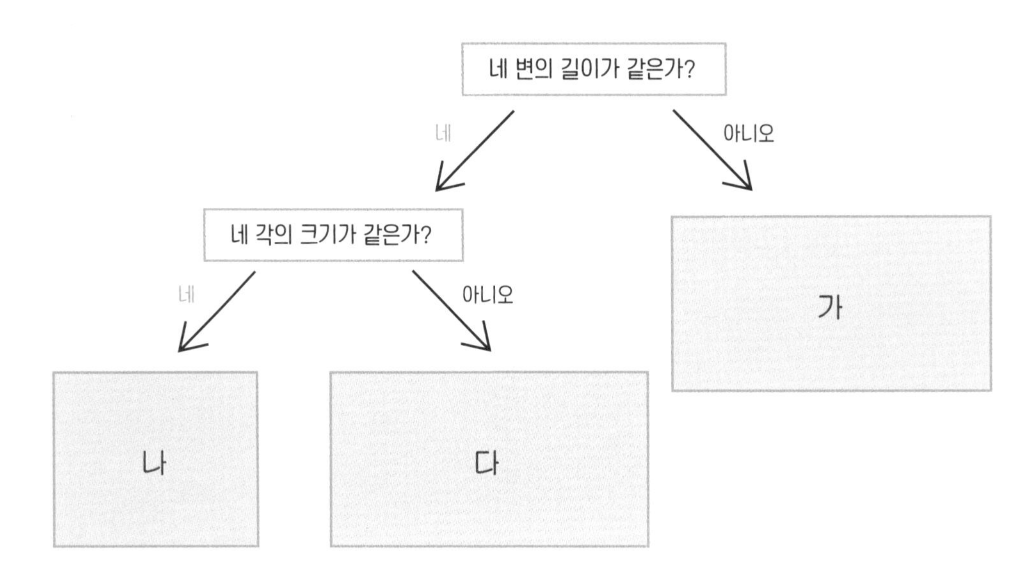

❷ 책상 위에 올려진 도형 조각들 중 정사각형 조각을 가져오라는 알고리즘의 순서도를 작성하려 합니다. ◇를 이용하여 작성해 보세요.

정답 19쪽

4 자연수 a가 3의 배수라면 a를 칠판에 적는 알고리즘을 순서도로 작성해 보세요.

5 보기의 순서도를 활용하여 자연수 a, b의 차이를 칠판에 적는 알고리즘을 순서도로 작성해 보세요.

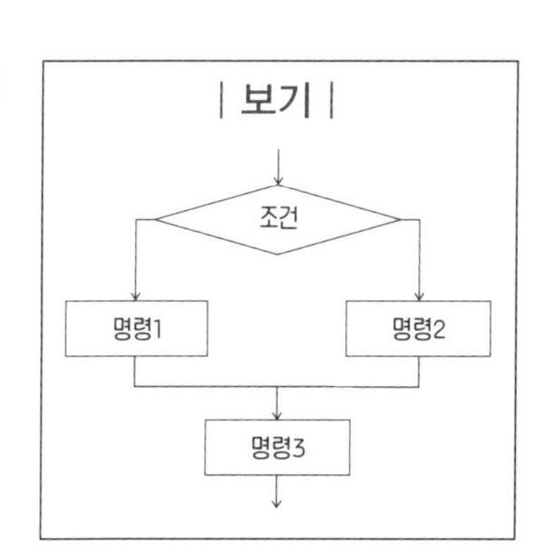

4 환율

읽어 보기

환율 오르자…해외 여행객 6년 8개월 만에 첫 감소

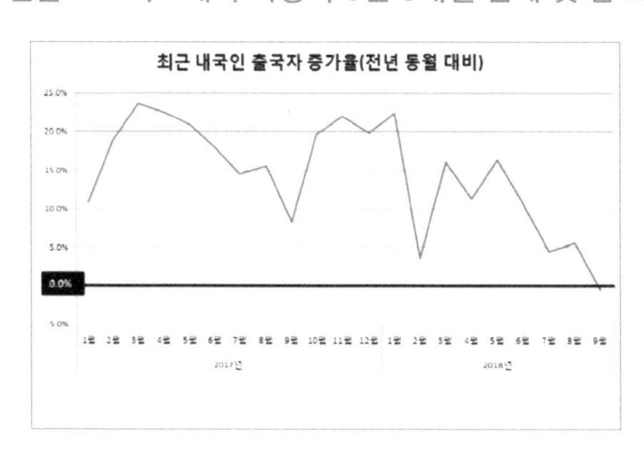

우리 국민의 해외여행이 6년 8개월 만에 감소 전환했다. 원화 가치가 내리면서 내국인이 해외여행을 미뤘거나 취소했다는 분석이 나온다.
내국인 출국자 수가 줄어든 것이 직접적 원인이다. 9월 내국인 출국자 수는 전년 동월에 비해 0.5% 감소했다. 지난해와 달리 올해 9월에는 '추석 연휴 특수'가 있었음에도 해외여행 수요가 오히려 감소했다. 출국자 수가 감소한 것은 이례적이다. 1인당 국민소득이 3만 달러에 육박할 정도로 증가하면서 해외여행은 기조적으로 증가해왔기 때문이다. 출국자 수가 전년 동월보다 줄어든 것은 2012년 1월(-5.3%) 이후 처음이다.
왜 이럴까. 첫 손에 꼽히는 것이 환율이다. 원·달러 환율은 지난 상반기 평균 1,076.04원에 거래됐는데, 9월에는 1,120.14원까지 올랐다. 그만큼 원화 가치가 하락했다. 한은 관계자는 "해외여행에는 환율이 직접적으로 영향을 미친다"며 "환율이 상승하면 여행경비가 그만큼 늘어나는 셈"이라고 설명했다.

김정현 기자, 이데일리, 2018.11.7

환율이 올랐는데 왜 해외여행을 가는 사람들의 수가 줄어든 것일까요? 해외여행을 갈 때는 우리나라 돈을 여행하는 국가의 돈으로 바꿔 가야 합니다. 각 나라에서 서로 다른 단위의 돈을 쓰고 있기 때문이죠. 우리나라의 1,000원은 미국 돈 약 1달러와 교환할 수 있고, 일본 돈 약 100엔과 교환할 수 있습니다. 이처럼 **한 나라의 화폐와 외국 화폐와의 교환 비율을 '환율'**이라고 합니다. 환율은 각 나라의 경제 사정에 따라, 국제 경제의 흐름에 따라 매일 조금씩 바뀝니다.

• 환율이란?

영상을 통해 환율에 대해 알아봅시다.

→ 주소 https://www.youtube.com/watch?v=58COXu0tCIw

스캔해 보세요!

정답 20쪽

생각해 보기

1 현재 환율을 보고, 환율에 따른 환전을 해 봅시다.

〈현재 환율〉
1달러 = 1,200원

=

한국 원 → 미국 달러	
1,200,000원	
6,000,000원	
24,000,000원	

미국 달러 → 한국 원	
500달러	
5,000달러	
20,000달러	

2 지태네 4인 가족은 올해 여름휴가에 5박 6일 일정으로 미국 LA 여행을 가기로 했습니다. 다음 표를 보고 각 문제를 풀어 보세요.

지태네 가족 여행 여름휴가 비용 준비

항목	예상 비용	비고
1인 왕복 비행기 표	120만 원	원화로 결제할 것이므로 환전 금액에서 제외하기
1번 숙소 1박 숙박비	350달러	총 3박
2번 숙소 1박 숙박비	280달러	총 2박
1일 차량 렌트 비용	70달러	6일 이용료로 계산
1일 1인 예상 식비	10만 원	6일 식비로 계산
관광지 지출 예상 총비용	3,000달러	–
기념품 구입 및 쇼핑 예상 총비용	360만 원	–
예비 비용	1,500달러	–

※ 현재 환율 1달러=1,200원

※ 은행에서는 10달러 단위 이상으로 환전 가능

❶ 이번 달에 지태네 가족이 여행을 가면 달러로 환전해 갈 비용이 얼마인지 계산해 보세요.

❷ 이번 달에 모든 숙소와 렌트 차량을 예약하면 사전 할인율이 적용되어 총 120달러가 절약된다고 합니다. 그런데 뉴스에서 다음 달에는 환율이 1,170원으로 떨어진다고 예상합니다. 이번 달과 다음 달 중 언제 예약을 해야 더 적은 비용으로 여행을 할 수 있으며 얼마나 절약할 수 있나요?

정답 20쪽

3 준후네 아버지는 요새 큰 고민이 있습니다. 바로 차를 구입하는 것입니다. 다음 글을 읽고 질문에 답해 봅시다.

한국에서 차를 운행하기 위해서는 차를 구매하고 기타 세금을 지불해야 합니다. 한국에서 구매하는 경우 차량 가격 및 세금을 포함하면 준후 아버지가 원하는 차를 4,200만 원에 구매할 수가 있습니다.
미국에서 구매하는 경우 이 차를 3만 달러에 구매를 할 수 있습니다. 이 경우, 한국으로 차를 운송하기 위해 운송료와 운송보험료를 지불해야 하는데 운송료는 2,000달러, 운송보험료는 차량 가격의 3%입니다. 또한 한국에서의 운행에 적합하도록 차량 수리 및 세금을 500만 원 더 지불해야 합니다.

현재 환율이 1,200원이라면 한국에 살고 있는 준후 아버지는 이 차를 어느 나라에서 구매하는 것이 얼마나 더 이득일까요?

빅맥 지수

세계 어디를 가나 손쉽게 사 먹을 수 있는 똑같은 햄버거라면 가격도 모두 같을까요? 만약 가격이 서로 다르다면 이것은 어떤 의미를 갖는 것일까요? 이런 생각을 착안해 영국의 경제 주간지 『이코노미스트』는 '빅맥 지수'라는 개념을 고안해 냈어요.

1986년부터 세계 120개국에서 판매되는 빅맥의 가격을 달러로 환산해 분기별로 발표하고 있죠. 즉, '빅맥 지수'란 각국의 통화가치가 적정 수준인지 살피기 위해 각국의 맥도날드 빅맥 햄버거 현지 통화 가격을 달러로 환산한 가격이랍니다.

그런데 왜 하필이면 빅맥 햄버거일까요? 그건 빅맥이 세계 어디에서나 공통으로, 그리고 동시에 팔리고 있는 상품이기 때문이에요. 맥도날드의 인기 메뉴인 빅맥은 거의 모든 나라에서 구할 수 있고 규격화된 크기, 구성, 품질로 제조되기 때문에 비교가 쉽다는 이유 때문이죠. 그래서 미국에서 팔리는 빅맥의 가격과 각 나라에서 팔리고 있는 빅맥의 가격을 비교하면 그 나라 돈의 가치가 얼마나 되는지를 알 수 있습니다.

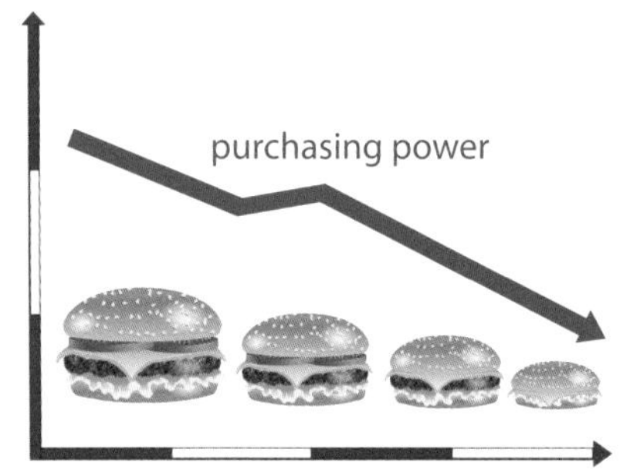

2021년 발표된 자료에 따르면 우리나라의 빅맥 가격은 4.10달러로 원으로 바꾸면 4,510원입니다. 반면 미국은 5.66달러로 우리 돈으로 6,226원이네요. 같은 제품의 가치는 전 세계 어디든 같다는 법칙을 적용하면, 미국의 물가가 우리보다 비싸다는 것을 알 수 있습니다.

조사 대상 국가 중 빅맥 가격이 가장 비싼 나라는 스위스입니다. 무려 7.29달러로 원으로 바꾸면 8,019원에 달하죠. 이외에도 호주 4.98달러(5,478원), 영국 4.44달러(4,884원), 일본 3.74달러(4,114원) 등 나라마다, 대륙마다 조금씩 차이를 보입니다.

빅맥 지수를 활용하면 두 나라 화폐의 교환 비율인 환율이 적정한지도 알 수 있어요. 한 나라의 화폐는 어느 나라에서나 동일한 구매력을 지닌다는 가정 아래 각국 화폐의 구매력을 비교하는 것이죠.

• 그래프로 보는 빅맥 지수 세계 순위

영상을 통해 내용에 대해 더 자세히 알아봅시다.

→ 주소 https://www.youtube.com/watch?v=2UqMcaRZo5o

스캔해 보세요!

2021년 상반기 빅맥 지수

순위	국가	지수($)	원화환산(원)
1	스위스	7.29	8,019
2	스웨덴	6.37	7,007
3	노르웨이	6.09	6,699
4	미국	5.66	6,226
5	이스라엘	5.35	5,885
6	캐나다	5.29	5,819
7	유로존	5.16	5,676
8	호주	4.98	5,478
9	덴마크	4.90	5,390
10	뉴질랜드	4.87	5,357
11	우루과이	4.80	5,280
12	영국	4.44	4,884
13	싱가포르	4.43	4,873
14	태국	4.25	4,675
15	체코	4.12	4,532
16	한국	4.10	4,510
17	칠레	4.09	4,499
18	아랍에미리트	4.02	4,422
19	바레인	3.98	4,378
20	브라질	3.98	4,378
21	코스타리카	3.83	4,213
22	쿠웨이트	3.79	4,169
23	아르헨티나	3.75	4,125
24	콜롬비아	3.74	4,114
25	일본	3.74	4,114

1$ = 1,100원 환산 적용

Memo

교과 연계

초등 영재 사고력수학 지니

해설 및 부록

교과 연계

초등 영재 사고력 수학 지니 레벨 3

해설

1 수와 연산

1 여러 가지 마방진 p. 15

1 해설 참조

2 해설 참조

3 해설 참조

4 해설 참조

5 ❶ 해설 참조
❷ 해설 참조

해설

1 ❶

4
3 2
12
5 1 6

가운데 있는 숫자가 각 변에 있는 숫자들의 합입니다. 동그라미 안에는 1에서 6까지의 숫자가 있으니 모든 수의 합은 1+2+⋯+6=21이 나옵니다. 각 변의 숫자들의 합이 12이므로 세 변의 숫자의 합은 36이 됩니다. 세 변의 숫자의 합은 모든 수의 합에서 삼각형 세 꼭짓점에 있는 숫자를 한 번씩 더 더해준 것과 같으므로 세 꼭짓점의 숫자의 합은 36-21=15임을 알 수 있습니다. 따라서 세 꼭짓점의 수는 4, 5, 6이 되고 그에 맞춰서 각 변의 수를 맞추면 위와 같은 삼각진이 나옵니다.

2 ❶

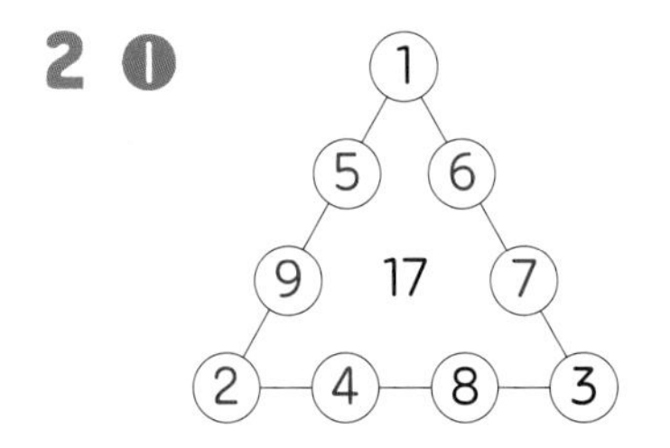

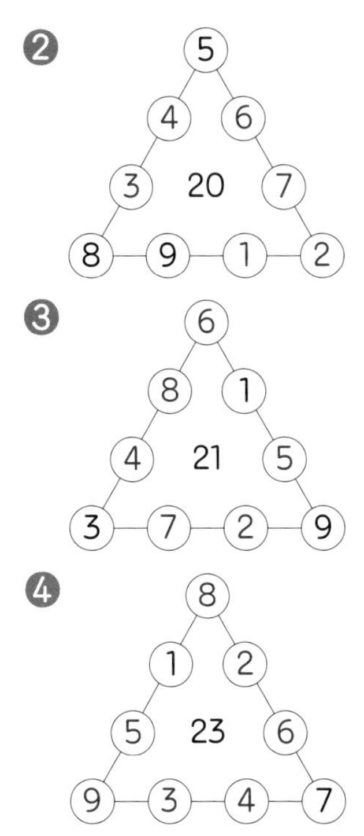

첫 번째 삼각진의 경우, 동그라미 안에 숫자가 1에서 9까지 있으니 모든 수의 합은 1+2+3+⋯+9=45입니다. 각 변에 있는 숫자들의 합은 17이므로 세 변의 합은 51이 됩니다. 세 변의 합은 모든 수의 합과 세 꼭짓점의 숫자의 합과 같으므로 세 꼭짓점의 숫자의 합은 51-45=6입니다. 따라서 남은 꼭짓점의 숫자는 6-1-3=2가 나오고, 각 변의 합이 17이 되도록 나머지 동그라미를 채우면 위의 삼각진을 얻을 수 있습니다. 나머지 삼각진의 경우도 세 꼭짓점의 숫자의 합을 이와 같이 계산하여 동그라미를 채울 수 있습니다.

3

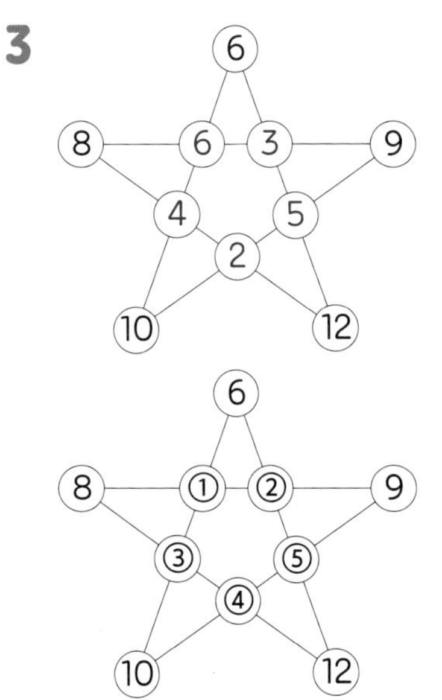

라고 두고 각 변에 있는 네 수의 합은 26입니다.

5개의 변에 있는 모든 숫자를 합하면 2×(①+②+③

+④+⑤+6+8+9+10+12)=26×5=130이므로 ①+②+③+④+⑤=20입니다. 각 변의 숫자의 합이 26임을 이용하면 ①+②+8+9=26, ③+④+8+12=26이므로, ①+②=9, ③+④=6가 나옵니다. 따라서 ①+②+③+④=15이므로 ⑤=5임을 알 수 있습니다.

④+⑤+10+9=26이므로, ④=2,

③+④+8+12=26이므로, ③=4,

①+③+10+6=26이므로, ①=6,

①+②+8+9=26이므로, ②=3입니다.

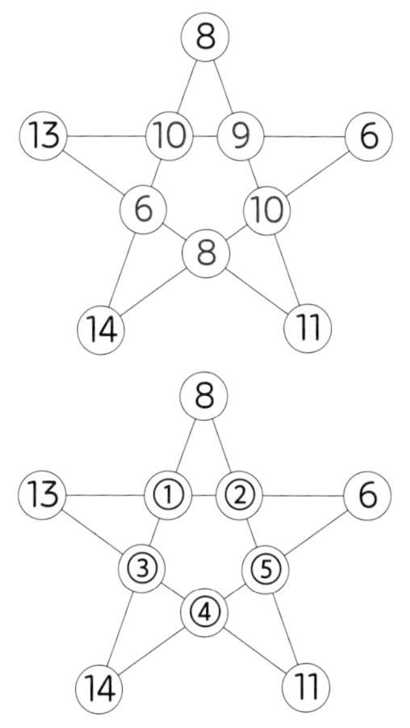

라고 두고 각 변에 있는 네 수의 합은 38입니다.

5개의 변에 있는 모든 숫자를 합하면 2×(①+②+③+④+⑤+8+13+6+14+11)=38×5=190이므로 ①+②+③+④+⑤=43입니다. 각 변의 숫자의 합이 38임을 이용하면 ①+②+13+6=38, ③+④+13+11=38이므로, ①+②=19, ③+④=14가 나옵니다. 따라서 ①+②+③+④=33이므로 ⑤=10임을 알 수 있습니다.

④+⑤+14+6=38이므로, ④=8,

③+④+13+11=38이므로, ③=6,

①+③+8+14=38이므로, ①=10,

①+②+13+6=38이므로, ②=9입니다.

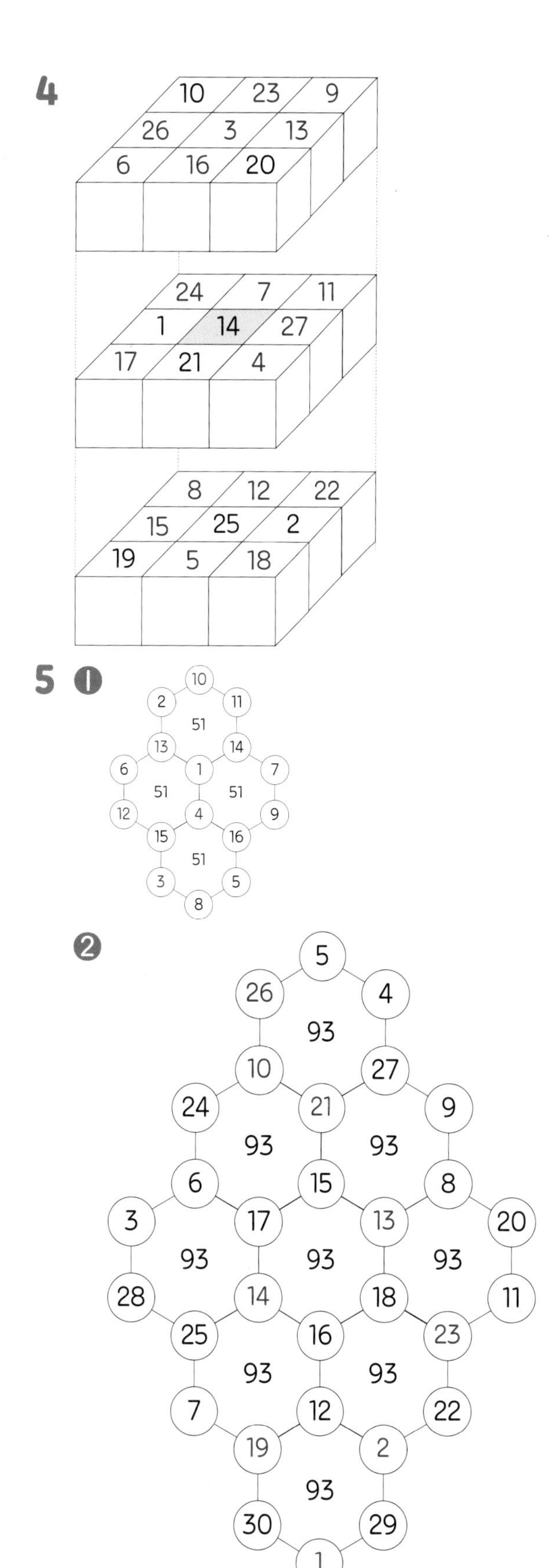

2 도형수 p. 22

1 ❶ 1+2+3 / 1+2+3+4 / 1+2+3+4+5

❷ (1+2+3+ ⋯ +★)개

❸ 55개

2 ★×★개

3 ★번째 사각수의 점 개수=★번째 삼각수의 점 개수 +(★-1)번째 삼각수의 점 개수

4 3×(1+2+3+...+(★-1))+★개

5 15개

6 210자루

해설

1 ❸ 1+2+3+4+...+10=55이므로 10번째 삼각수의 점이 개수는 55개입니다.

2 ★번째 사각수에는 가로에 ★개, 세로에 ★개의 점이 있으므로 총 ★×★개의 점이 있습니다.

3 ★번째 사각수는 ★번째 삼각수와 (★-1)번째 삼각수로 나눠질 수 있습니다. 따라서 ★번째 사각수의 점 개수도 ★번째 삼각수와 (★-1)번째 삼각수 점들의 개수의 합과 동일합니다.

4 왼쪽 그림에서 확인할 수 있듯이, 네 번째 오각수는 2개의 세 번째 삼각수(분홍색)와 1개의 네 번째 삼각수(파란색)의 합으로 이루어져 있습니다. 같은 논리로 다섯 번째 오각수는 2개의 네 번째 삼각수와 1개의 다섯 번째 삼각수의 합으로 이루어져 있습니다. 따라서 ★번째 오각수는 2개의 (★-1)번째 삼각수와 ★번째 삼각수의 합으로 이루어져 있으므로 ★번째 오각수의 점의 개수는 2×(1+2+3+⋯+(★-1))+(1+2+3+⋯+★)=3×(1+2+3+⋯+(★-1))+★개입니다.

5 두 번째 단계에서 세 번째 단계로 갈 때, 아래에 세 번째 삼각수의 형태로 귤을 더 쌓았습니다. 마찬가지로 세 번째 단계에서 네 번째 단계로 갈 때, 아래에 네 번째 삼각수의 형태로 귤을 더 쌓았습니다. 따라서 다음 단계로 더 쌓기 위해서는 아래에 다섯 번째 삼각수의 형태로 귤을 더 쌓아야 하므로 필요한 귤의 개수는 1+2+3+4+5=15개입니다.

6 연필의 총 자루 수는 삼각수의 형태입니다. 따라서 1+2+3+⋯+19+20을 계산하면 됩니다.

단순하게 계산을 하는 방법도 있으나, 아래의 가우스의 계산법으로 계산하면 훨씬 간단하게 답을 구할 수 있습니다.

1+2+3+⋯+19+20

=(1+20)+(2+19)+(3+18)+⋯+(10+11)

=21×10

=210

3 연산을 이용한 수 퍼즐 p. 27

1 해설 참조

2 해설 참조

3 해설 참조

해설

1 ❶

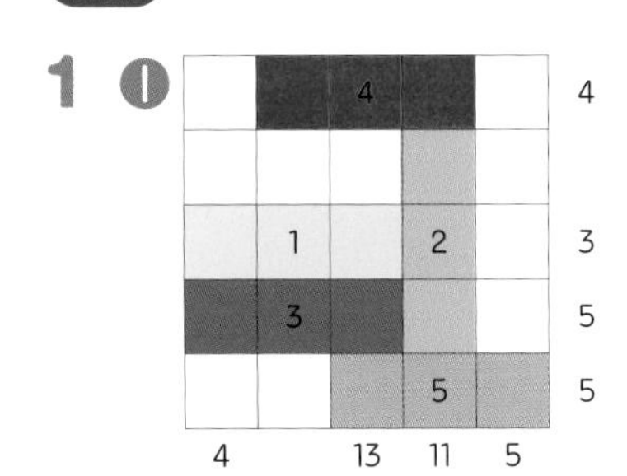

❷

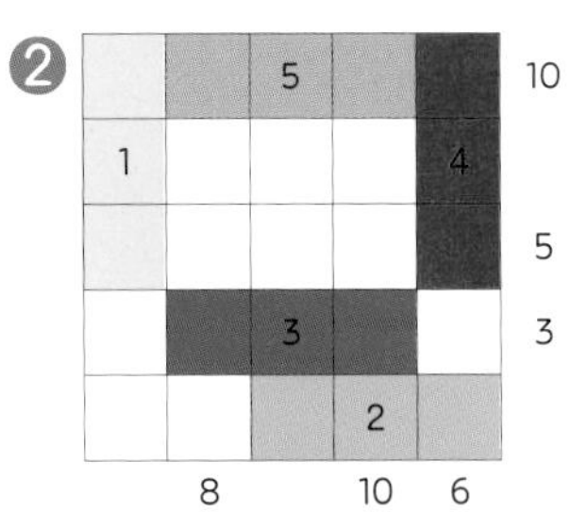

2 ❶

❷

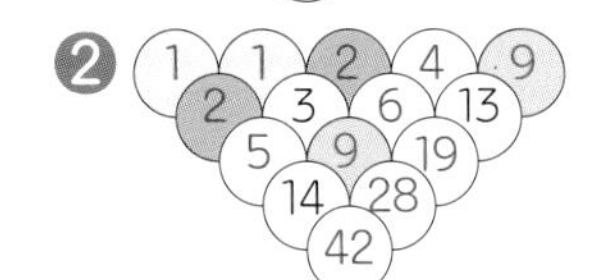

❸ 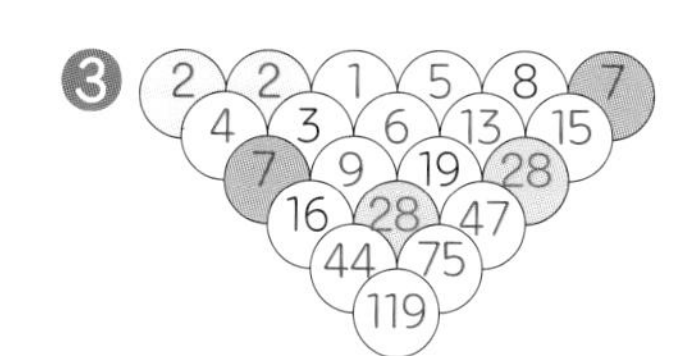

3 ❶

6	÷	2	=	3
+		×		
1	+	4	=	5
=		=		
7		8		

❷

1	×	6	+	5	=	11
+		÷		+		
7	×	2	−	4	=	10
=		=		=		
8		3		9		

4 수학 유언 〈분수의 덧셈과 뺄셈〉 p. 31

1 ❶ 해설 참조

❷ 21살

❸ 33살

2 $\frac{2}{5}$

3 $\frac{124}{217}$

4 $\frac{11}{20}$ m^2

5 ❶ 해설 참조

❷ 해설 참조

6 28명

해설

1 ❶ 방법 1) 디오판토스가 죽은 나이를 □라고 합시다. 소년으로는 $\frac{1}{6}$ × □년을 살았고 그 뒤 $\frac{1}{12}$ × □년 뒤에 수염이 나기 시작했으며 $\frac{1}{7}$ × □년 뒤에 결혼을 했습니다. 5년 뒤 아들이 태어났고 아들은 $\frac{1}{2}$ × □년 뒤에 죽었고 4년 뒤에 디오판토스도 죽었어요.

수식으로 표현하면 $\left(\frac{1}{6} \times □\right)+\left(\frac{1}{12} \times □\right)+\left(\frac{1}{7} \times □\right)+5+\left(\frac{1}{2} \times □\right)+4=□$임을 알 수 있습니다.

양변에 최소공배수 84를 곱하면 14□+7□+12□+420+42□+336=84□가 됩니다. 정리하면 75□+756=84□이므로 9□=756입니다. 따라서 □=84가 나옵니다.

방법 2) 분수로 표시된 비를 모두 더하면 $\frac{1}{6}+\frac{1}{12}+\frac{1}{7}+\frac{1}{2}=\frac{25}{28}$가 됩니다. 따라서 비로 표시되지 않은 인생의 $\frac{3}{28}$에 해당하는 것이 5+4=9년임을 알 수 있습니다. 인생의 $\frac{3}{28}$에 해당하는 것이 9년이므로 비례식을 $\frac{3}{28}$:9=1:□와 같이 세우면 □=84임을 알 수 있어요.

방법 3) 디오판토스의 나이는 10살보다는 크고 130살보다는 아래라고 생각할 수 있습니다. 나이의 $\frac{1}{6}$, $\frac{1}{12}$, $\frac{1}{7}$가 자연수로 표현이 되어야 하므로 디오판토스의 나이는 6, 12, 7의 공배수 중 하나입니다. 위 세 수의 최소공배수가 84인데, 이보다 큰 공배수인 168 이상의 숫자는 디오판토스의 나이라고 생각하기 어려우므로 디오판토스의 나이는 84세입니다.

❷ 인생의 $\frac{1}{6}$이 14살이고, 그 뒤 인생의 $\frac{1}{12}$인 7년이 지난 뒤에 수염이 나기 시작했으니 수염이 나기 시작한 나이는 21살입니다.

❸ 수염이 나고 인생의 $\frac{1}{7}$인 12년이 지난 후에 결혼을 했으니 결혼한 나이는 21+12=33살입니다.

2

0.3	□	$1\frac{2}{5}$	$\frac{1}{2}$
	$\frac{3}{5}$		
	★		
	1.2		$\frac{4}{13}$

색깔을 칠한 부분의 숫자를 □ 라고 하겠습니다. □를 포함하는 가로, 세로의 네 수의 합이 같아야 하므로 $0.3+□+1\frac{2}{5}+\frac{1}{2}=□+\frac{3}{5}+★+1.2$ 임을 알 수 있습니다. 양변에 똑같이 □가 더해지므로 □를 제외한 세 수의 합이 같습니다. 따라서 $0.3+1\frac{2}{5}+\frac{1}{2}=\frac{3}{5}+★+1.2$ 이므로 $★=\frac{2}{5}$ 입니다.

3 약분해서 $\frac{4}{7}$가 되었으니 약분하기 전에는 $\frac{4\times□}{7\times□}$의 형태의 분수임을 알 수 있습니다. 분자와 분모의 차이가 93이므로 $(7\times□)-(4\times□)=93$이 됩니다. $3\times□=93$이므로 $□=31$입니다. 따라서 답은 $\frac{4\times31}{7\times31}=\frac{124}{217}$ 입니다.

4

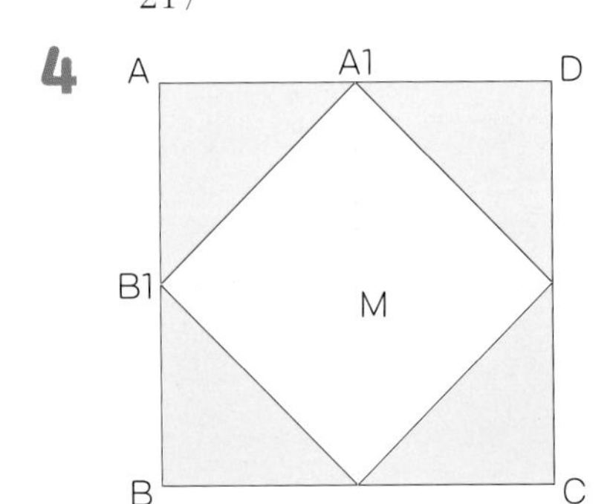

위와 같이 점 A1, B1, M을 표시하겠습니다. 삼각형AA1B1과 삼각형A1B1M의 넓이가 같습니다. 따라서 큰 사각형은 작은 사각형 넓이의 2배가 된다는 것을 알 수 있습니다. 또 색칠한 부분의 영역과 색칠하지 않은 영역의 넓이는 같다는 것을 알 수 있어요.

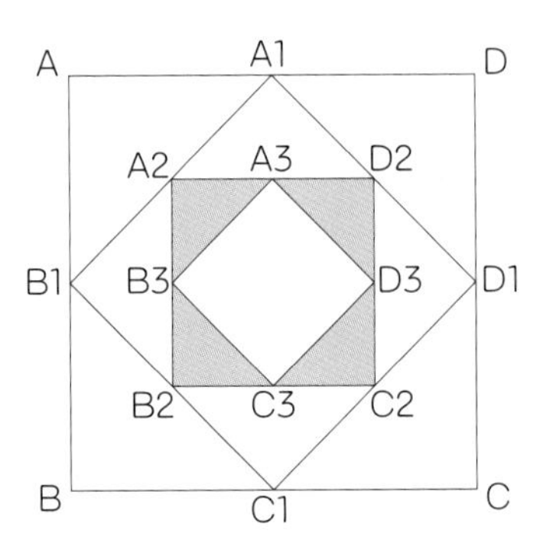

점 A1, …, D3을 위와 같이 설정을 해보면, 사각형A1B1C1D1의 넓이는 사각형ABCD 넓이의 절반이므로 $4\frac{2}{5}=\frac{22}{5}$의 절반인 $\frac{11}{5}$ 입니다. 위와 같은 논리로 사각형A2B2C2D2의 넓이는 $\frac{11}{10}$이 되고 사각형A3B3C3D3은 $\frac{11}{20}$이 됩니다. 색칠한 부분의 넓이는 사각형A3B3C3D3의 넓이와 같으므로 색칠한 부분의 넓이는 $\frac{11}{20}$ m^2가 됩니다.

5 ❶

2개의 4로 만들 수 있는 수	3개의 4로 만들 수 있는 수
44 4-4=0 4×4=16 4÷4=1	44-4=40 44×4= 176 44÷4= 11 4-(4÷4)=3 4+4-4=4

❷

1	$\frac{4}{4}\times\frac{4}{4}$	6	$\frac{4+4}{4}+4$
2	$\frac{4}{4}+\frac{4}{4}$	7	$4+4-\frac{4}{4}$
3	$\frac{4+4+4}{4}$	8	$\left(\frac{4}{4}\times4\right)+4$
4	$\frac{4-4}{4}+4$	9	$4+4+\frac{4}{4}$
5	$\frac{(4\times4)+4}{4}$	10	$\frac{44-4}{4}$

6 전체 제자의 수를 □라고 합시다. 그렇다면 $\frac{1}{2}\times□$명은 수의 아름다움을 탐구하고 $\frac{1}{4}\times□$명은 자연의 이치를 구하며 $\frac{1}{7}\times□$명은 깊은 사색에 열중합니다. 그 외의 제자는 3명이므로 전체 제자의 수는 $(\frac{1}{2}\times$

$\square+\frac{1}{4}\times\square+\frac{1}{7}\times\square+3$)명입니다. 따라서 $\square=\frac{1}{2}\times\square+\frac{1}{4}\times\square+\frac{1}{7}\times\square+3$, $\square=\frac{25}{28}\times\square+3$, $\frac{3}{28}\times\square=3$, $\square=28$이 나옵니다. 따라서 제자 수는 28명입니다.

5 자릿수합과 자릿수근 p. 37

1 ❶ 상자 속에서 들어온 숫자에 ×2 계산을 합니다.

❷ 상자 속에서 들어온 숫자를 소수 첫째 자리에서 반올림을 합니다.

❸ 상자 속에서 들어온 숫자의 각 자리 숫자들끼리 덧셈을 합니다.

2 해설 참조

3 해설 참조

해설

2

5	→	5	3	→	3
19	→	1	13	→	4
24	→	6	16	→	7
45	→	9	17	→	8
123	→	6	25	→	7
168	→	6	42	→	6

5의 자릿수근은 5입니다.

3의 자릿수근은 3입니다.

19 ⇨ 1+9=10 ⇨ 1+0=1, 19의 자릿수근은 1입니다.

13 ⇨ 1+3=4, 13의 자릿수근은 4입니다.

24 ⇨ 2+4=6, 24의 자릿수근은 6입니다.

16 ⇨ 1+6=7, 16의 자릿수근은 7입니다.

45 ⇨ 4+5=9, 45의 자릿수근은 9입니다.

17 ⇨ 1+7=8, 17의 자릿수근은 8입니다.

123 ⇨ 1+2+3=6, 123의 자릿수근은 6입니다.

25 ⇨ 2+5=7, 25의 자릿수근은 7입니다.

168 ⇨ 1+6+8=15 ⇨ 1+5=6, 168의 자릿수근은 6입니다.

42 ⇨ 4+2=6, 42의 자릿수근은 6입니다.

자릿수근의 특징

1) 자릿수근은 항상 한 자릿수입니다.

2) a+b=c라는 수가 있을 때, a의 자릿수근과 b의 자릿수근의 합을 구하면 c의 자릿수근과 같아집니다. (예 : 위의 문제에서 5+19=24, 5의 자릿수근은 5, 19의 자릿수근은 1, 24의 자릿수근은 6입니다. 그리고 각 수의 자릿수근의 합인 5+1=6도 식이 성립이 됩니다.)

위의 경우, a와 b의 자릿수근의 합이 두 자릿수가 나오는 경우, 그 수의 자릿수근을 구하면 c의 자릿수근과 같아집니다. (예: 45+123=168, 45의 자릿수근은 9, 123의 자릿수근은 6, 168의 자릿수근은 6입니다. 자릿수근끼리의 합인 9+6=15이고, 자릿수근을 구하면 6입니다.)

3

x	1	2	3	4	5	6	7	8	9
1	1	2	3	4	5	6	7	8	9
2	2	4	6	8	1	3	5	7	9
3	3	6	9	3	6	9	3	6	9
4	4	8	3	7	2	6	1	5	9
5	5	1	6	2	7	3	8	4	9
6	6	3	9	6	3	9	6	3	9
7	7	5	3	1	8	6	4	2	9
8	8	7	6	5	4	3	2	1	9
9	9	9	9	9	9	9	9	9	9

9×9 곱셈표 자릿수근의 특징

1) 1부터 9까지의 숫자만 들어갑니다.

2) 왼쪽 위에서 오른쪽 아래 방향의 대각선을 기준선으로 선대칭입니다.

3) 9단을 제외하고, 오른쪽 위에서 왼쪽 아래 방향의 대각선을 기준으로 선대칭입니다.

4) 9단의 자릿수근은 모두 9입니다.

5) 3단과 6단의 자릿수근은 3, 6, 9가 반복됩니다.

6) 3, 6, 9단을 제외하면 1부터 9까지의 숫자가 겹치지 않고 한 번씩 들어갑니다.

2 도형과 측정

1 기리 타일 p. 46

1 해설 참조

2 1, 5, 5, 5, 10

3 ❶ 1cm, 1cm, 1cm, 1cm, 1cm / 1cm로 같다.

❷ 정가운데(중점)

❸ 144, 108, 72 / 144, 72 / 216, 72 / 108, 36 / 9

4 ❶ 10, 5, 2, 2, 2

❷ 정오각형 타일

5 해설 참조

해설

1

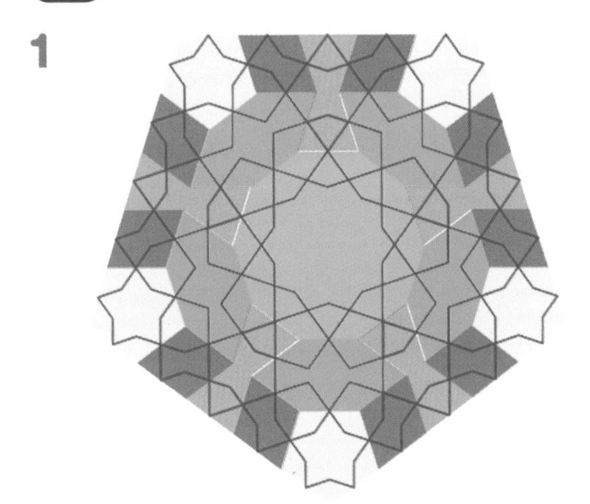

5 ❶ ❷

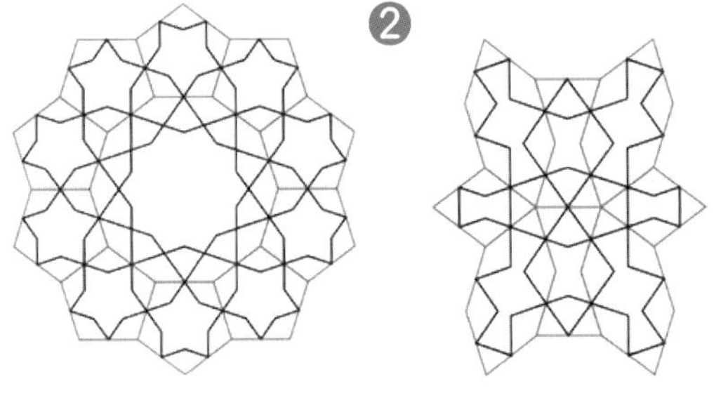

2 입체도형의 이쪽 저쪽 p. 52

1 해설 참조

2 해설 참조

3 해설 참조

4 해설 참조

5 39개

6 해설 참조

7 해설 참조

8 $54cm^2$

9 $72cm^3$

해설

1

위	앞	옆
	MILK	

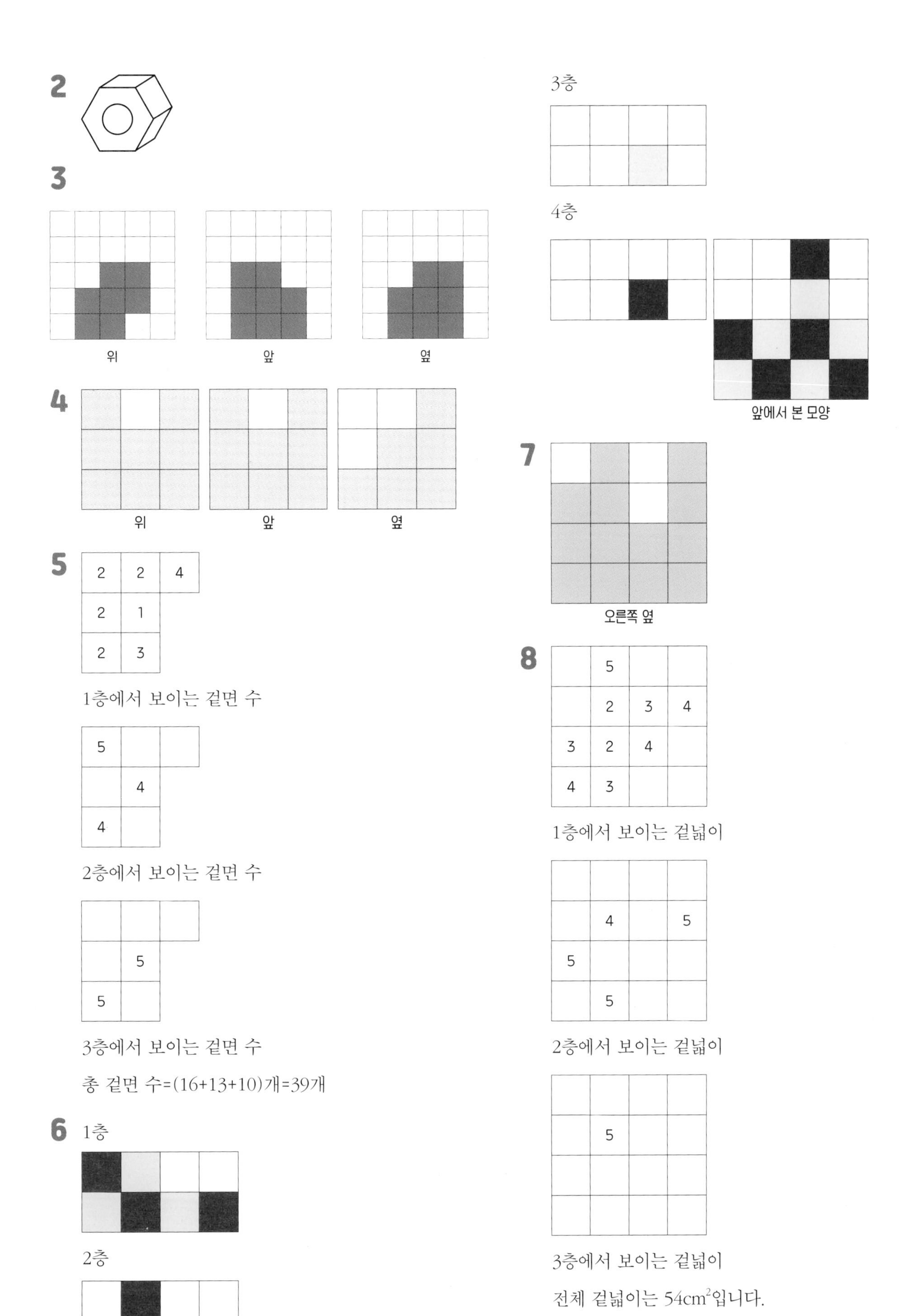
2
3
위
앞
옆
4
위
앞
옆
5
2 2 4
2 1
2 3
1층에서 보이는 겉면 수
5
4
4
2층에서 보이는 겉면 수
5
5
3층에서 보이는 겉면 수
총 겉면 수=(16+13+10)개=39개
6
1층
2층
3층
4층
앞에서 본 모양
7
오른쪽 옆
8
5
2 3 4
3 2 4
4 3
1층에서 보이는 겉넓이
4 5
5
5
2층에서 보이는 겉넓이
5
3층에서 보이는 겉넓이
전체 겉넓이는 54cm²입니다.

9

4	4	3
		4

1층에서 보이는 겉넓이

4		3
		4

2층에서 보이는 겉넓이

5		5

3층에서 보이는 겉넓이

전체 보이는 겉면 수는 36개입니다. 겉넓이가 $144cm^2$이기 때문에 한 면의 넓이는 $4cm^2$입니다. 정육면체 한 변의 길이는 2cm이고 정육면체 하나의 부피는 $8cm^3$가 됩니다. 총 9개의 정육면체가 있으니 전체 부피는 $72cm^3$가 됩니다.

3 정다면체 p. 60

1 하나의 정육각형으로 이루어진 도형이 아닙니다. (정오각형, 정육각형으로 이루어져 있습니다.) / 정삼각형으로 이루어진 사면체가 아닙니다.

2 해설 참조

3 해설 참조

4 정팔면체

5 해설 참조

6 ④

해설

2

	정사면체	정육면체	정팔면체
겨냥도			
면의 모양	정삼각형	정사각형	정삼각형
면의 수	4	6	8
모서리의 수	6	12	12
꼭짓점의 수	4	8	6

3

면의 모양	정오각형	정삼각형
면의 수	12	20
모서리의 수	30	30
꼭짓점의 수	20	12

*모서리 수=(면의 수)×(면 모양의 모서리 수)×$\frac{1}{2}$

각 모서리는 2개의 서로 다른 면이 붙어있기 때문에 ×$\frac{1}{2}$를 해줍니다.

4

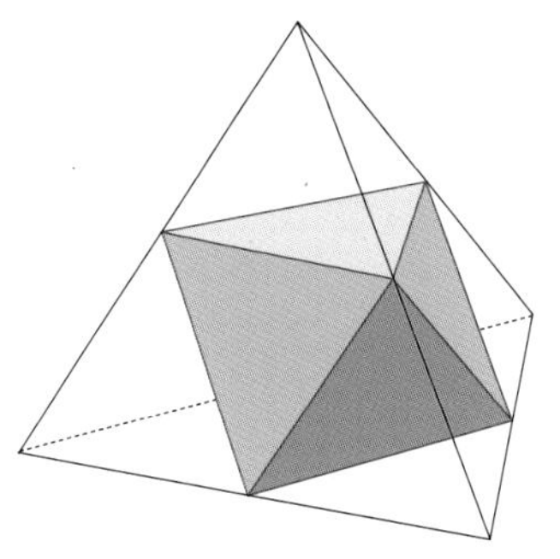

5

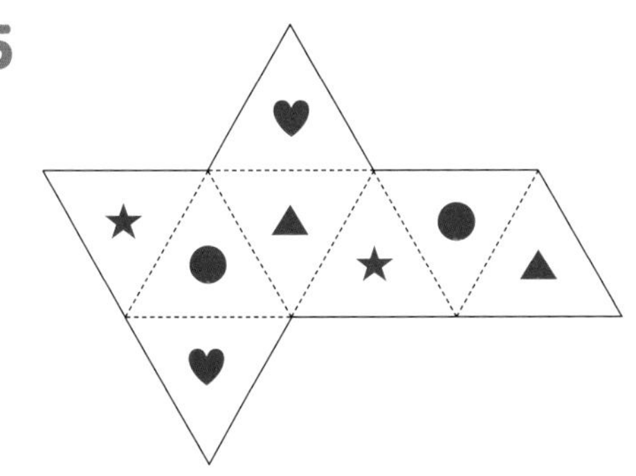

4 회전체 p. 65

1 해설 참조

2 해설 참조

3 해설 참조

4 해설 참조

5 해설 참조

해설

1

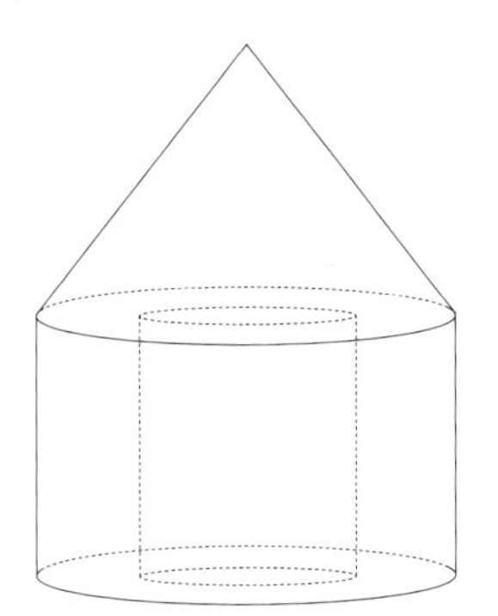

2

	위	앞	옆

3

위	앞	옆	겨냥도

4

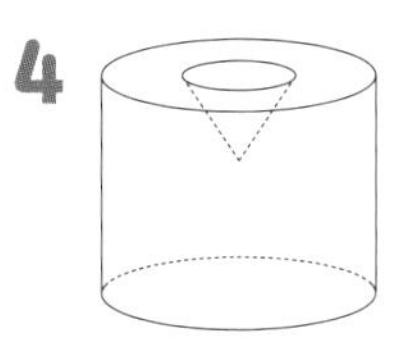

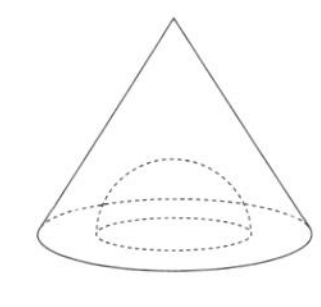

5

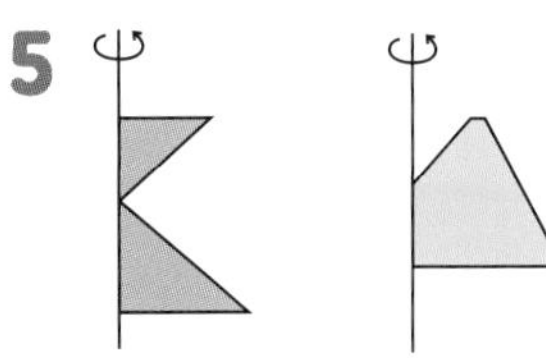

5 자기 닮음

p. 69

1 해설 참조

2 해설 참조

3 해설 참조

4 해설 참조

5 둘레 : $\frac{729}{32}$, 넓이 : $\frac{243}{1024}$

6 해설 참조

해설

1

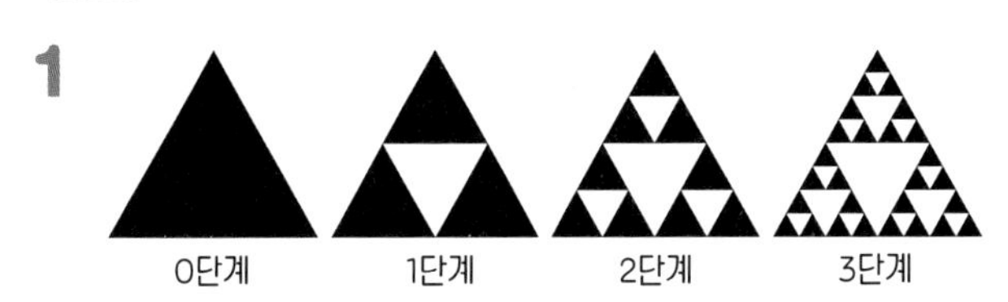

2

단계 \ 개수	남은 정삼각형 (색칠된 정삼각형)	해당 단계에서 제거된 정삼각형	제거된 정삼각형의 총 수
0	1	0	0
1	3	1	1
2	3^2	3	$1+3=4$
3	3^3	3^2	$1+3+3^2=13$
4	3^4	3^3	$1+3+3^2+3^3=40$

3

단계 \ 길이	색칠된 정삼각형 한 변의 길이	색칠된 정삼각형 전체 둘레의 길이
0	1	3
1	$\frac{1}{2}$	$\frac{1}{2}\times3\times3=\frac{9}{2}$ 한 변의 길이×3 ×삼각형 개수
2	$\left(\frac{1}{2}\right)^2=\frac{1}{4}$	$\left(\frac{3}{2}\right)^2\times3=\frac{27}{4}$
3	$\left(\frac{1}{2}\right)^3=\frac{1}{8}$	$\left(\frac{3}{2}\right)^3\times3=\frac{81}{8}$
4	$\left(\frac{1}{2}\right)^4=\frac{1}{16}$	$\left(\frac{3}{2}\right)^4\times3=\frac{243}{16}$

다음 단계로 넘어가면서 전 단계 정삼각형 한 변의 길이의 $\frac{1}{2}$ 이 됩니다.

전체 둘레의 길이는 (한 변의 길이)×3×(남은 삼각형의 수)입니다.

4

단계 \ 넓이	색칠된 정삼각형 한 개의 넓이	색칠된 정삼각형 전체의 넓이
0	1	1
1	$\frac{1}{4}$	$\frac{1}{4}\times3=\frac{3}{4}$
2	$\left(\frac{1}{4}\right)^2=\frac{1}{16}$	$\left(\frac{3}{4}\right)^2=\frac{9}{16}$
3	$\left(\frac{1}{4}\right)^3=\frac{1}{64}$	$\left(\frac{3}{4}\right)^3=\frac{27}{64}$
4	$\left(\frac{1}{4}\right)^4=\frac{1}{256}$	$\left(\frac{3}{4}\right)^4=\frac{81}{256}$
	다음 단계로 넘어갈 때 합동인 4개의 정삼각형으로 나누어지고, 넓이는 이전 단계 삼각형의 $\frac{1}{4}$ 이 됩니다.	(색칠된 정사각형 한 개의 넓이×3)의 3배입니다.

5 다음 단계로 넘어가면서 정삼각형 한 변의 길이는 $\frac{1}{2}$로 줄어들고, 넓이는 $\frac{1}{4}$로 줄어듭니다. 남은 정삼각형의 수는 다음 단계로 넘어갈 때 하나의 정삼각형에서 세 개의 작은 정삼각형으로 나뉘어 3배씩 늘어납니다.

	색칠된 정삼각형 한 개의 둘레	색칠된 정삼각형 전체 둘레의 길이	색칠된 정삼각형 한 개의 넓이	색칠된 정삼각형 전체의 넓이
5단계	$\left(\frac{1}{2}\right)^5=\frac{1}{32}$	$\left(\frac{3}{2}\right)^5\times3=\frac{729}{32}$	$\left(\frac{1}{4}\right)^5=\frac{1}{1024}$	$\left(\frac{3}{4}\right)^5=\frac{243}{1024}$

둘레의 길이는 무한대로, 넓이는 점점 0에 가까워질 것 같습니다.

6 1) 선분을 그립니다.

2) 각 선분을 세 부분으로 똑같이 나누고, 그중 가운데 선분을 밑변으로 하는 정삼각형을 그린 후 밑변을 지웁니다.

3) 각 선분에 2)번 과정을 반복합니다.

3 규칙과 추론

1 피라미드의 높이 p. 77

1 554.5m

2 길이의 비 1:$\frac{1}{16}$, 넓이의 비 1:$\frac{1}{256}$

3 아이스크림 가격이 더 큰 비율로 상승했습니다.

4 육수 : 오렌지주스 : 쌀엿 : 맛술=1 : 0.4 : 0.1 : 0.1

5 ❶ 31, 94, 0.419

❷ 0.340

❸ 3

해설

1 단위를 m로 수정하고 다음과 같은 비례식을 세웁니다.

55.45m:건물 높이=0.5m:5m가 되니 건물 높이는 다음과 같이 구할 수 있습니다.

건물 높이=(5×55.45)÷0.5m=554.5m

2 1단계 2단계

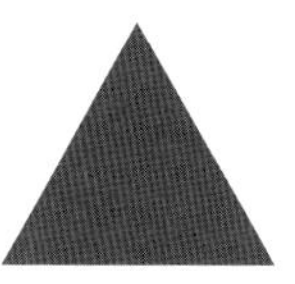

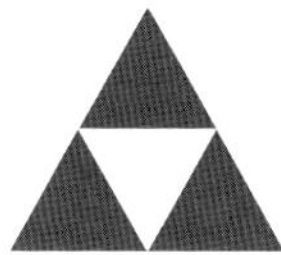

위와 같이 다음 단계 삼각형의 선분은 전 단계의 절반으로 줄어들게 됩니다. 1단계에서 선분의 길이를 1이라고 두면 2단계에서는 $\frac{1}{2}$이 되고, 3단계에서는 $\frac{1}{4}$이 됩니다. △DEF는 5단계에서 나오는 삼각형이므로 4단계 $\frac{1}{8}$, 5단계 $\frac{1}{16}$이 됩니다.

선분 비가 1:$\frac{1}{16}$이니 넓이 비는 1:$\frac{1}{256}$이 됩니다.

3 아이스크림은 1,200원에서 1,500원으로 올랐으니 기존 가격 대비 $\frac{1500-1200}{1200}=\frac{300}{1200}=\frac{1}{4}$=25% 상승했습니다.

과자는 2,400원에서 2,800원으로 올랐으니 기존 가격 대비 대비 $\frac{2800-2400}{2400}=\frac{400}{2400}=\frac{1}{6}=16.66\cdots\%$ 상승했습니다.

따라서 과자보다 아이스크림 가격이 더 많이 올랐습니다.

4 육수:오렌지주스:쌀엿:맛술=500mL:200mL:50mL:50mL=1:0.4:0.1:0.1

5 ❶ 이정후 선수의 타율 $0.333=\frac{안타수}{타수}=\frac{안타수}{93}$이니 안타수=93×0.333=30.969입니다. 가장 가까운 자연수는 31이고 $\frac{31}{93}$을 반올림해서 소수 셋째 자리까지 나타내면 0.333이 나오니 이정후 선수의 안타수는 31입니다.

황재균 선수의 타율 $0.298=\frac{안타수}{타수}=\frac{28}{타수}$이고 타수$=\frac{28}{0.298}$=93.959입니다. 가장 가까운 자연수는 94이고 $\frac{28}{94}$을 반올림해서 소수 셋째 자리까지 나타내면 0.298이 나오니 황재균 선수의 타수는 94입니다.

한동희 선수의 타율은 $\frac{36}{86}$=0.41860입니다. 반올림해서 소수 셋째 자리까지 나타내면 0.419입니다.

❷ 이정후 선수의 기록은 오늘 경기 이전까지 93타수 31안타입니다. 오늘 4타수 2안타를 기록했으니 97타수 33안타가 됐습니다. 따라서 타율은 $\frac{33}{97}$=0.3402이므로 반올림해서 소수 셋째 자리까지 나타내면 0.340입니다.

❸ 한동희 선수의 기록은 오늘 경기 이전까지 86타수 36안타입니다. 오늘 6타수가 추가되었으니 92타수가 됐고, 타율이 0.424가 됐습니다. 따라서 $0.424=\frac{안타수}{타수}=\frac{안타수}{92}$이므로 안타수=0.424×92=39.008입니다. 가장 가까운 자연수는 39이고 $\frac{39}{92}$를 반올림해서 소수 셋째자리로 나타내면 0.424이니, 총 안타수는 39개입니다. 따라서 오늘 3안타를 기록했습니다.

2 지도의 비율, 축척 p. 81

1 250m, 100m, 5m, 500m

2 1:160,000

3 ❶ 1:10000
❷ 13.5cm
❸ 1.35km
❹ 27분
❺ 해설 참조

해설

1 1:25,000 축척에서 1cm는 25,000cm입니다. m로 환산하면 250m가 됩니다.

$\frac{1}{10,000}$ 축척에서 1cm는 10,000cm입니다. m로 환산하면 100m가 됩니다.

1:500 축척에서 1cm는 500cm입니다. m로 환산하면 5m가 됩니다.

$\frac{1}{50,000}$ 축척에서 1cm는 50,000cm입니다. m로 환산하면 500m가 됩니다.

2 각 첩은 동서 약 32km, 남북 약 48km로 되어있고, 실제 크기는 폭 20cm, 세로 30cm입니다. 따라서 20cm에 해당하는 길이가 32km, 30cm에 해당하는 길이는 48km입니다. 이를 이용하면 1cm에 해당하는 길이가 1.6km임을 알 수 있고, 단위를 cm로 환산하면 1cm : 160000cm입니다. 따라서 축척은 1:160,000입니다.

3 ❶ 1:10000

❷ 광화문에서 시청역까지 11.5cm, 시청역에서 덕수궁까지 2.0cm. 따라서 광화문에서 덕수궁까지 13.5cm입니다.

❸ 1cm에 해당하는 길이가 100m이므로 13.5cm에 해당하는 길이는 1350m입니다. 즉 1.35km입니다.

❹ 60분에 3000m를 걸어가므로 1분에 50m를 걸어갑니다. 따라서 1350m를 걸어가는 데 걸리는 시간은 1350/50분=27분입니다.

❺ 광화문역 2번 출구에서 광화문까지 3.7cm, 광화문에서 광화문역까지 4.5cm입니다. 따라서 경복궁역까지는 8.2cm이고, 1cm는 100m를 나타내므로 실제 거리는 820m입니다. 광화문역 2번 출구에서 아래 사거리까지 2.3cm, 사거리에서 종각역(1번 출구, 6번 출구)까지 5.0cm입니다. 따라서 종각역까지는 7.3cm이므로 730m입니다. 혜미는 종각역으로 갈 경우 90m 더 적게 걸어갑니다.

3 안정적인 아름다움, 황금비 p. 86

1 30.432m

2 해설 참조

3 ❶ 1, 1.6

❷ 해설 참조

4 ❶ MO, PM, 1, 1.618

❷ 193600, 313280, 1, 1.618

해설

1 높이÷폭의 길이=황금비가 나옵니다. 따라서 높이=황금비×폭의 길이=1.6×19.02m=30.432m입니다.

2

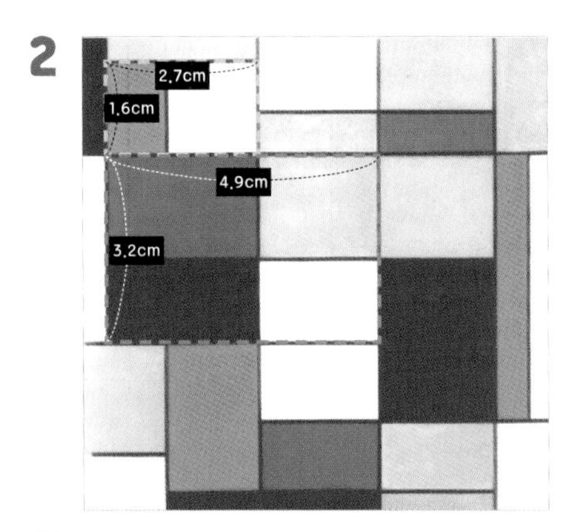

3 ❷

1) 선분 FJ 와 선분 JE 의 길이의 비= 1 : 1.6

2) 선분 CD 와 선분 CA 의 길이의 비= 1 : 1.6

3) 선분 ID 와 선분 CD 의 길이의 비= 1 : 1.6

4) 선분 HI 와 선분 ID 의 길이의 비= 1 : 1.6

5) 선분 HD 와 선분 CD 의 길이의 비= 1 : 1.6

6) 선분 AE 와 선분 BE 의 길이의 비= 1 : 1.6

선분 JD와 선분 BD의 길이의 비=1:1.6

선분 DG와 선분 CA의 길이의 비=1:1.6

선분 CH와 선분 DG의 길이의 비=1:1.6

선분 FE와 선분 AD의 길이의 비=1:1.6

위 도형에서 황금비를 이루는 선분의 짝은 위에 적힌 것을 제외하고도 더 존재합니다.

4 ❶ 선분 MO:선분 PM=220:356=1:1.618(황금비)

❷ ■=440×440=193600

$▲\times4=356\times440\times\frac{1}{2}\times4=313280$

■:▲×4=193600:313280=1:1.618

4 하노이의 탑 p. 91

1 ❶ 1번, 3번, 7번, 15번

❷ 직전 원판의 최소 이동 횟수에 2배를 곱한 것 + 1 이 현 원판에서의 최소 이동 횟수입니다.

❸ 31번

2 2^n-1번

3 2^{64}-1번

4 ②

5 9일

6 0.2×2^{50}mm

해설

1 ❸

4개일 때 15번이었으니 5개인 경우에는 15×2+1=31입니다.

3 ★ 2^{64}-1은 18446744073709551615입니다. 원판을 1번 옮기는 데 1초가 걸린다고 하고, 이 횟수를 시간으로 계산하면 약 5850억년입니다. 따라서 이 신화에 따르면 5850억년이라는 아주 오랜 시간 동안 지구는 멸망하지 않는 것이랍니다.

4 이전 단계보다 약 2배씩 커지므로 원판의 수가 많아질수록 증가되는 최소 이동 횟수는 기하급수적으로 늘어납니다. 따라서 2번 그래프 모양이 나옵니다.

5 당일에 나만 편지를 받았으므로 1명이 편지를 받았습니다. 다음 날에는 보낸 다른 두 명의 사람들이 편지를 받았으므로 나를 포함한 3명(1+2)이 편지를 받았습니다. 다음 날에는 전날 새로 편지를 받았던 두 명의 사람이 각각 두 명에게 편지를 보냈으므로 편지를 받은 사람은 나를 포함하여 7명(1+2+4)이 편지를 받았습니다. 다음 날에는 전날 새로 편지를 받은 4명의 사람이 각각 두 명에게 편지를 보냈으므로 편지를 받은 사람은 나를 포함하여 15명(1+2+4+8)입니다. 이와 같은 식으로 계산을 하면 내가 편지를 받은 날부터 n번째 일이 지나면 편지를 받은 사람은 나를 포함하여 $2^{n+1}-1$명입니다. 내가 편지를 받고 8일이 지나면 $2^{9}-1=513$명이고, 9일이 지나면 $2^{10}-1=1023$명입니다. 따라서 9일이 지나면 1000명 이상의 사람들이 편지를 받았습니다.

6 신문지의 두께는 한 번 접을 때마다 접기 전보다 2배씩 더 커집니다. 한 번 접으면 0.2mm×2가 됩니다.

두 번 접으면 한 번 접었을 때보다 2배 더 늘어나기 때문에 $(0.2\times2)\times2=0.2\text{mm}\times2^{2}$가 됩니다.

세 번 접으면 두 번 접었을 때보다 2배 더 늘어나기 때문에 $(0.2\times2^{2})\times2=0.2\text{mm}\times2^{3}$가 됩니다.

이와 같은 논리로 50번 접으면 $0.2\text{mm}\times2^{50}$가 된다는 것을 알 수 있습니다.

5 파스칼의 삼각형 p. 95

1 해설 참조

2 해설 참조

3 해설 참조

4 2, 4, 8, 16, 32, 64, 아래 줄로 갈수록 2배씩 커집니다.

5 해설 참조

6 3, 5, 8, 13, 21, 대각선의 수의 합은 바로 앞에 나온 대각선의 수의 합과 그 앞에 나온 대각선의 수의 합을 더한 것입니다.

해설

1

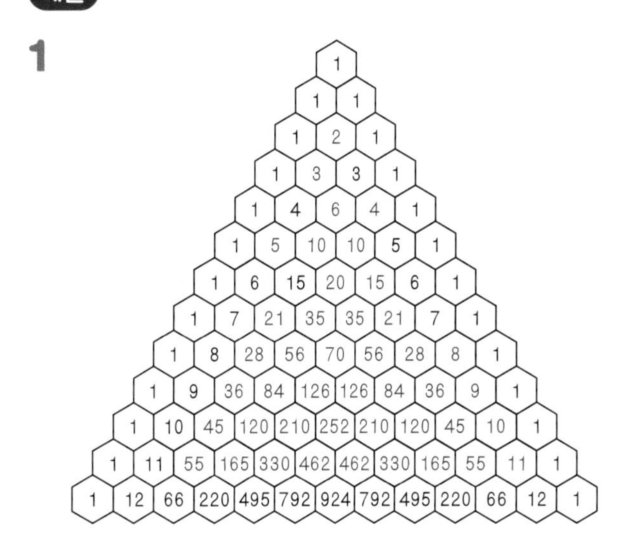

2 ① 모든 행이 좌우대칭입니다.

② 삼각형 양쪽이 숫자 1로만 이루어져 있습니다.

③ 세 번째 대각선 줄의 수는 삼각수가 됩니다.

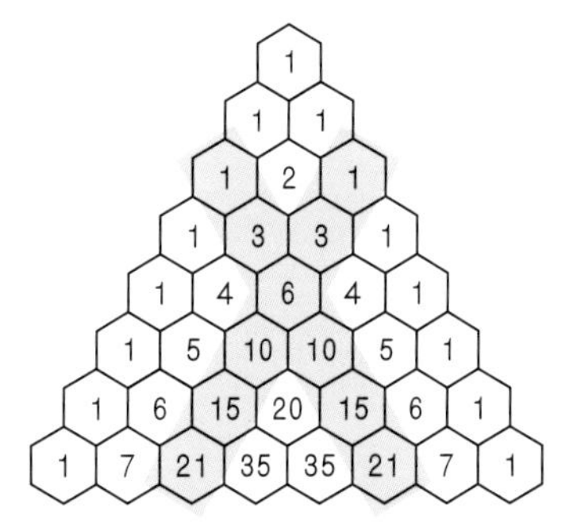

④ 두 번째 대각선 줄은 자연수가 순서대로 나옵니다.

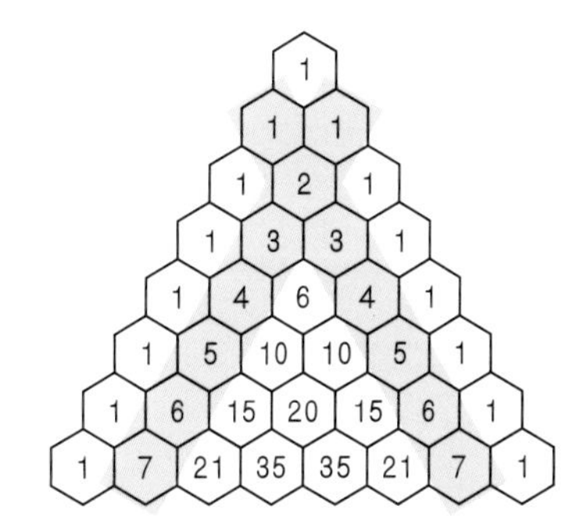

3

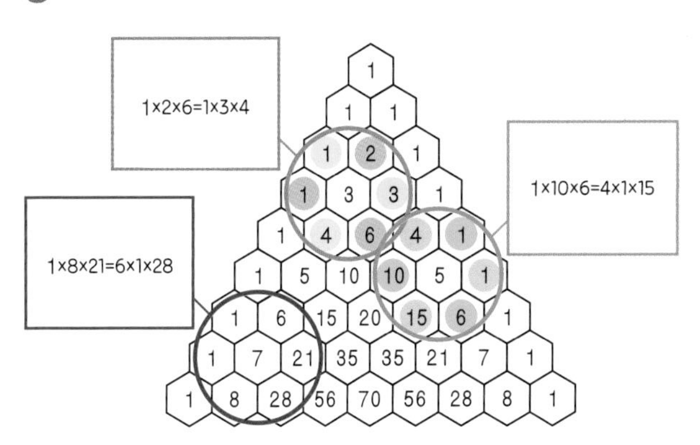

5 ❶

❷

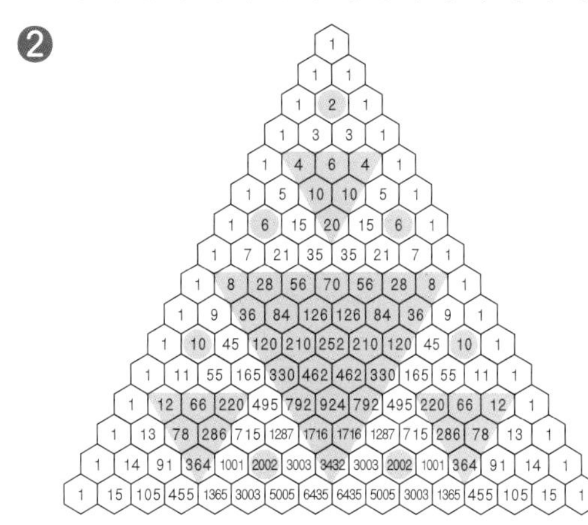

❸

6 피보나치 수열과 황금 나선 p. 102

1 사각형들은 모양은 같고 크기가 다른 '닮음 관계'에 있습니다. 러시아 인형으로 유명한 마트료시카가 닮음 관계인 예시입니다. 크기가 서로 다른 정삼각형 등도 닮음 관계입니다.

2 1155

3 해설 참조

4 해설 참조

해설

2 방법 1) 직접 구하여 더하기

정사각형 ①의 넓이: $1\times1=1$

정사각형 ②의 넓이: $1\times1=1$

정사각형 ③의 넓이: $2\times2=4$

정사각형 ④의 넓이: $3\times3=9$

정사각형 ⑤의 넓이: $5\times5=25$

정사각형 ⑥의 넓이: $8\times8=64$

정사각형 ⑦의 넓이: $13\times13=169$

정사각형 ⑧의 넓이: $21\times21=441$

정사각형 ⑨의 넓이: $34\times34=1156$

정사각형 ⑩의 넓이: $55\times55=3025$

정사각형 ⑩의 넓이-(정사각형 ①+②+ ⋯ +⑨)=1155

방법 2) 규칙을 발견하여 구하기

위 그림에서 정사각형 ①+②+ ⋯ +⑤=직사각형의 가로×직사각형의 세로=(피보나치 수열의 5번째 항)×(피보나치 수열의 4번째 항 + 피보나치 수열의 5번째 항) 임을 알 수 있습니다.

마찬가지로 정사각형 ①+②+ ⋯ +⑥=직사각형의 가로×직사각형의 세로=(피보나치 수열의 5번째 항+피보나치 수열의 6번째 항)×(피보나치 수열의 6번째 항) 임을 알 수 있습니다.

따라서 정사각형 ①+②+ ⋯ +⑨=(피보나치 수열의 9번째 항+피보나치 수열의 8번째 항)×(피보나치 수열의 9번째 항)=$34\times(34+21)=1870$입니다.

정사각형 ⑩의 넓이는 $55^2=3025$이므로 정사각형 ⑩의 넓이-(정사각형 ①+②+ ⋯ +⑨)=$3025-1870=1155$입니다.

3

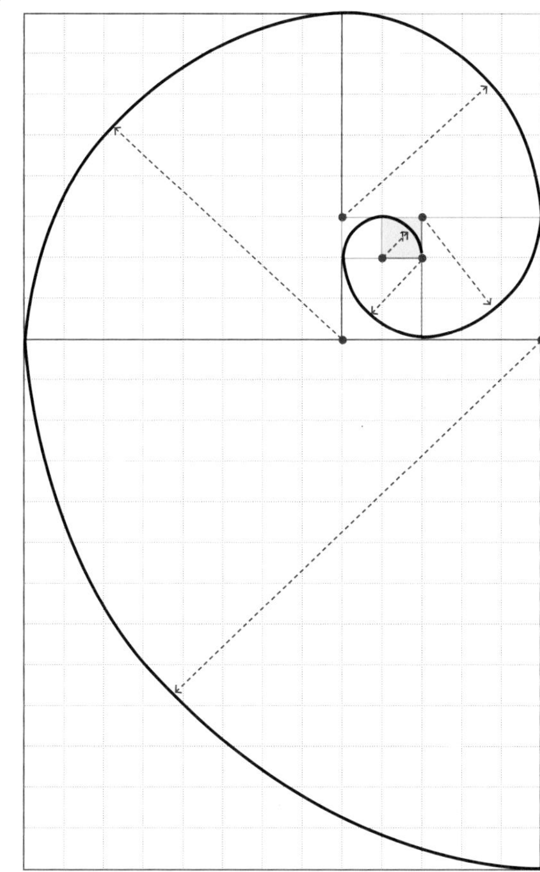

4

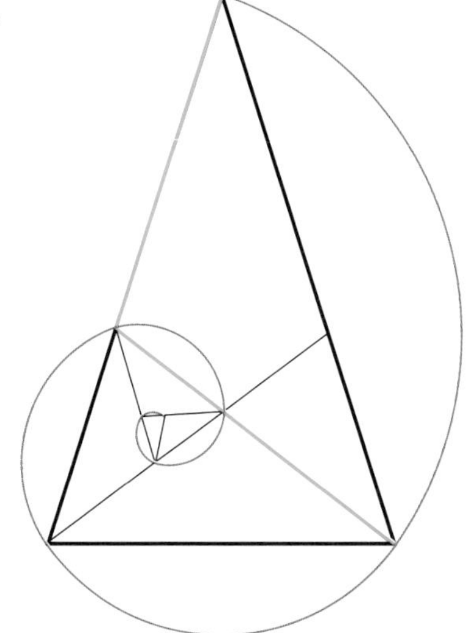

하늘색 선을 반지름으로 하는 호를 그리며 반복합니다.

4 자료와 가능성

1 환경 문제 분석하기 p. 111

1 ❶ 51.1

❷ 73.9

❸ 2100년까지 우리나라 주변 해협의 해수면 상승폭은 73cm 이상이 될 것

❹ 51, 40, 40, 73

❺ IPCC 기후변화 시나리오에 따른 우리나라 주변 해역 해수면 상승 전망

❻ 표의 장점 : 자세하고 정확한 수치를 확인할 수 있다. 꺾은선그래프의 장점 : 변화의 흐름을 파악하기 쉽다.

2 ❶ 예) 지구 평균 온도의 변화

❷ 해설 참조

❸ 해설 참조

해설

1 ❶ 해역 평균은 황해, 대한해협, 동해 해수면 상승폭의 평균이므로 (50.6+51.1+51.7)/3=51.13입니다. 따라서 (바)=51.1입니다.

❷ 황해, 대한해협, 동해 해수면 상승폭의 합이 73.3의 3배인 219.9가 되어야 합니다. 황해, 동해 해수면 상승폭의 합이 146이므로 대한해협의 상승폭은 219.9-146=73.9입니다.

❹ (나)와 (바)에 들어갈 수치의 소수 첫째 자리에서 반올림한 수치를 적으면 되니 51입니다.

(다) 39.9의 소수 첫째 자리에서 반올림한 수치를 적으면 되니 40입니다.

(라) 시나리오별 39.9에서 73.3 상승이 예상되니 그중 최솟값인 40입니다.

(마) 시나리오별 39.9에서 73.3 상승이 예상되니 그중 최댓값인 73입니다.

2 ❷

예시 답안입니다.

1) 해수면은 계속 상승하는 추세를 보인다.

2) 이산화탄소 농도가 증가함에 따라서 지구 평균 기온이 올라간다.

3) 이산화탄소 농도는 산업 혁명 이후 급격히 증가하는 중이다.

4) 지구 평균온도는 최근 100년간 약 1°C 상승했다.

5) 열대야일수가 40년 전과 비교했을 때 평균적으로 더 많이 늘어났다.

❸

예시 답안입니다.

1) 지구의 평균 기온이 상승하여 빙하들이 녹을 것이다.

2) 해수면은 꾸준히 상승하여 국토가 해수면보다 낮아지는 지역들은 바다로 잠길 것이다.

3) 지구 기온 상승으로 열대 과일 농사 가능 지역이 넓어질 것이다.

4) 2100년이 되면 이산화탄소의 농도가 산업혁명 이전보다 2배 이상이 될 것이다.

5) 우리나라 평균 열대야 일수는 점점 늘어나 여름밤에 잠을 설치는 사람들이 많아질 것이다.

2 경우의 수와 확률 p. 117

1 ❶ 해설 참조

❷ (그림면,그림면), (그림면,숫자면), (숫자면,그림면), (그림면,그림면)

❸ 4가지

❹ 1:2

❺ 1:2

❻ (동전의 '그림면'이 나오는 경우의 수) / (모든 경우의 수)

(사건이 일어나는 경우의 수) / (모든 경우의 수)

2 ❶ 해설 참조

❷ 36가지

3 ❶ 해설 참조

❷ (그림면,1), (그림면,2), (그림면,3), (그림면,4), (그림면,5), (그림면,6), (숫자면,1), (숫자면,2), (숫자면,3), (숫자면,4), (숫자면,5), (숫자면,6)

❸ 12가지

❹ $\frac{1}{6}$

❺ $\frac{1}{2}$

해설

1 ❶

그림면

숫자면

그림면

그림면

숫자면

그림면

숫자면

숫자면

총 4가지 경우가 나옵니다.

❹

같은 면이 나올 수 있는 경우는 (그림면, 그림면), (숫자면, 숫자면) 2가지입니다. 총 4가지 경우가 있으니 같은 면이 나오는 경우의 수의 비율은 2:4=1:2가 됩니다.

❺

다른 면이 나올 수 있는 경우는 (그림면, 숫자면), (숫자면, 그림면) 2가지입니다. 총 4가지 경우가 있으니 같은 면이 나오는 경우의 수의 비율은 2:4=1:2가 됩니다.

2 ❶

	⚀	⚁	⚂	⚃	⚄	⚅
⚀	⚀⚀	⚀⚁	⚀⚂	⚀⚃	⚀⚄	⚀⚅
⚁	⚁⚀	⚁⚁	⚁⚂	⚁⚃	⚁⚄	⚁⚅
⚂	⚂⚀	⚂⚁	⚂⚂	⚂⚃	⚂⚄	⚂⚅
⚃	⚃⚀	⚃⚁	⚃⚂	⚃⚃	⚃⚄	⚃⚅
⚄	⚄⚀	⚄⚁	⚄⚂	⚄⚃	⚄⚄	⚄⚅
⚅	⚅⚀	⚅⚁	⚅⚂	⚅⚃	⚅⚄	⚅⚅

3 ❶

❹ 두 눈의 합이 7이 되는 경우는 (1,6), (2,5), (3,4), (4,3), (5,2), (6,1) 총 6가지가 있습니다. 따라서 두 눈의 합이 7이 될 확률은 (7이 되는 경우의 수)÷(모든 경우의 수)=6÷36=$\frac{1}{6}$

❺ 두 눈의 합이 2가 되는 경우: (1,1)

두 눈의 합이 4가 되는 경우: (1,3), (2,2), (3,1)

두 눈의 합이 6이 되는 경우: (1,5), (2,4), (3,3), (4,2), (5,1)

두 눈의 합이 8이 되는 경우: (2,6), (3,5), (4,4), (5,3), (6,2)

두 눈의 합이 10이 되는 경우: (4,6), (5,5), (6,4)

두 눈의 합이 12가 되는 경우: (6,6)

두 눈의 합이 짝수가 나올 확률=(두 눈의 합이 짝수가 되는 경우)÷(모든 경우의 수)

=(1+3+5+5+3+1)÷36=$\frac{18}{36}$=$\frac{1}{2}$

3 알고리즘과 순서도 p. 124

1 해설 참조

2 ❶ 해설 참조

❷ 해설 참조

3 ❶

가) 사각형 : 네 개의 선분으로 이루어진 도형

나) 정사각형 : 네 변의 길이와 네 각의 크기가 같은 사각형

다) 마름모 : 네 변의 길이가 같은 사각형

❷ 해설 참조

4 해설 참조

5 해설 참조

해설

1 예시 답안입니다.

① 칠교 조각 중 가장 큰 2개의 삼각형 조각과 가장 작은 2개의 삼각형 조각을 고른다.

② 큰 삼각형의 직각 부분이 맞닿도록 붙여 놓는다.

③ ②에서 직각 부분이 겹쳐진 점이 밑변의 중점이 되도록 작은 삼각형 1개를 놓고, 나머지 작은 삼각형과 빗변이 겹치도록 붙여 놓는다.

④ 4개의 조각이 나무 모양을 만드는지 확인한다.

2 ❶

예시 답안입니다.

(2) 신호등 색깔을 확인한다.

(3) 빨간불이면 건너지 않고 초록불이 되기를 기다리고, 초록불이면 횡단보도를 건넌다.

❷

예시 답안입니다.

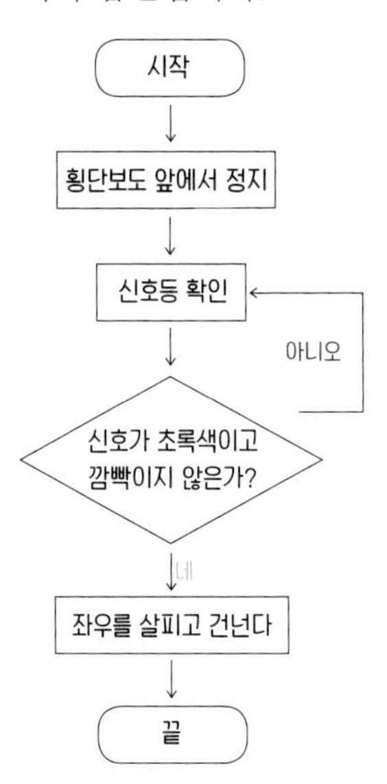

3 ❷

예시 답안입니다.

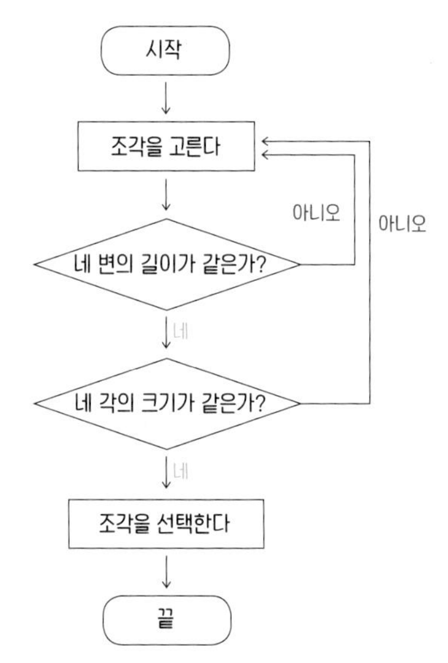

4 예시 답안입니다.

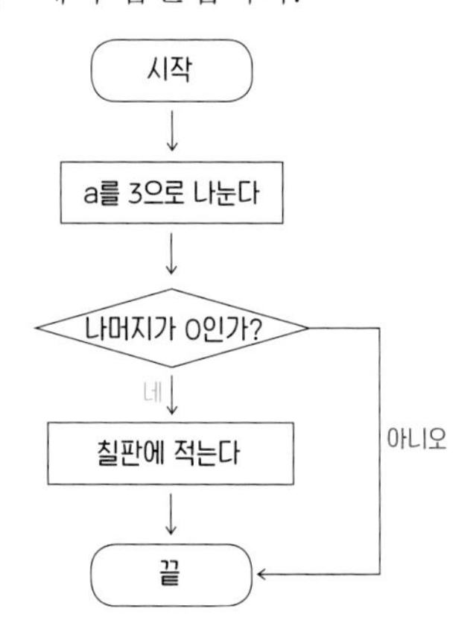

5 예시 답안입니다.

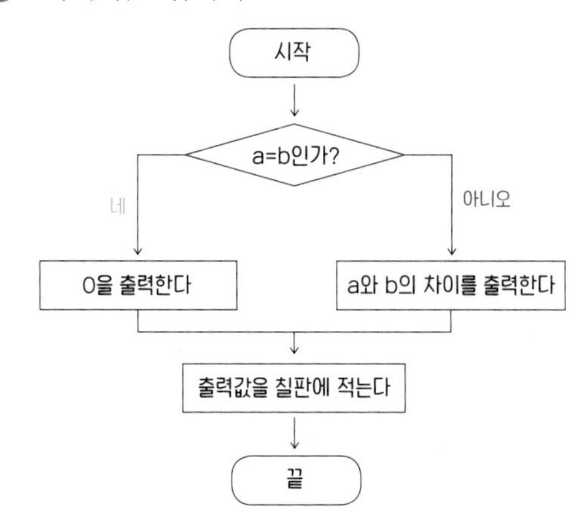

4 환율 p. 129

1 1,000달러, 5,000달러, 20,000달러, 600,000원, 6,000,000원, 24,000,000원

2 ❶ 11,530달러

❷ 다음 달, 51,900원

3 한국에서 구매하는 것이 248만 원 더 저렴합니다.

해설

2 ❶

달러 계산 비용

숙박비: (350달러×3)+(280×2)=1,610달러

차량 렌트: 70달러×6=4,200달러

관광지 지출 및 예비 비용: 3000+1500=4,500달러

원화 계산 비용

식비: 10만 원×4×6(4인 가족이 6일간 식사) =2,400,000원

기념품 구입 및 쇼핑: 3,600,000원

원화로 총액 계산: (1610+4200+4500)×1200 +2400000+3600000=7836000+6000000=13836000

필요한 한국 돈은 13,836,000원입니다.

1달러=1,200원이므로 13,836,000원은 11,530달러입

니다. 10달러 단위 이상으로 환전이 가능하므로 은행에서 11,530달러 해당 금액만큼 환전이 가능합니다.

❷

사전 할인을 받는 경우 필요한 비용 (한국 돈 기준)

(350×3+280×2+70×6+3000+1500-120)×1200+2400000+3600000=13,692,000원

환율이 1달러당 1,170원인 경우 (한국 돈 기준)

(350×3+280×2+70×6+3000+1500)×1170+2400000+3600000=13,640,100원

13640100-13692000=51,900원

다음 달에 예약하는 것이 51,900원 더 적은 비용으로 여행할 수 있습니다.

3 한국에서 구매하는 경우 4,200만 원이 듭니다. 미국에서 구매하는 경우에는 차량 구매비+운송비+운송보험료+수리 및 세금의 금액이 듭니다. 이를 계산하면 (30,000달러+2,000달러+30,000×0.03달러+5,000,000원)=(32,900달러+5,000,000원)=(32,900×1,200원+5,000,000원)=44,480,000원입니다. 따라서 한국에서 구매하면 248만 원(44,480,000원-42,000,000원) 더 이득입니다.

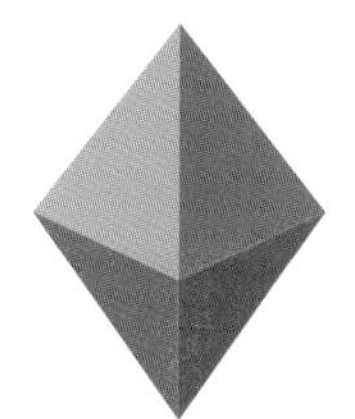

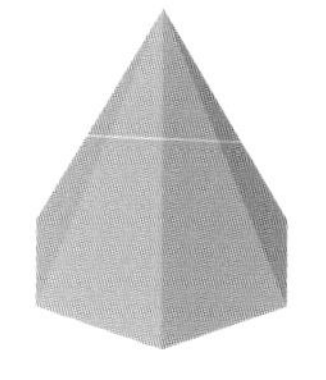

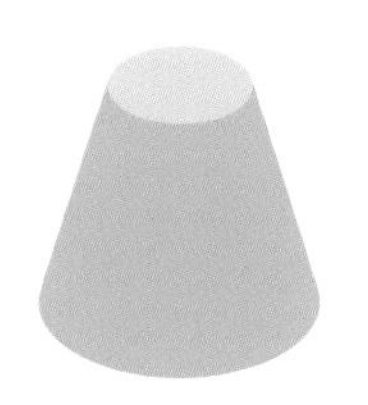

교과 연계

초등 영재 사고력 수학 지니 레벨 3

부록

1 기리 타일

2 프랙탈 카드 전개도

1 기리 타일

2 프랙탈 카드 전개도

math.nexusedu.kr
•
www.nexusEDU.kr
•
www.nexusbook.com